知识生产的原创基地
BASE FOR ORIGINAL CREATIVE CONTENT

颉腾科技
JIE TENG TECHNOLOGY

抖音、快手、视频号、B站

全|彩|玩|转|版

短视频

爆品制作

从入门到精通

创锐设计 编著

68%

中国广播影视出版社

图书在版编目（CIP）数据

短视频爆品制作从入门到精通：抖音、快手、视频
号、B站全彩玩转版 / 创锐设计编著 . –– 北京：中国广
播影视出版社 , 2021.4

ISBN 978-7-5043-8601-4

Ⅰ . ①短… Ⅱ . ①创… Ⅲ . ①视频制作 Ⅳ .
① TN948.4

中国版本图书馆CIP数据核字(2020)第268667号

短视频爆品制作从入门到精通：抖音、快手、视频号、B站全彩玩转版
创锐设计　编著

策　　划	颉腾文化	
责任编辑	王　萱	
责任校对	张　哲	

出版发行	中国广播影视出版社
电　　话	010-86093580　　010-86093583
社　　址	北京市西城区真武庙二条 9 号
邮　　编	100045
网　　址	www.crtp.com.cn
电子信箱	crtp8@sina.com

经　　销	全国各地新华书店
印　　刷	北京天颖印刷有限公司

开　　本	710毫米 × 1000毫米　　1/16
字　　数	295（千）字
印　　张	16
版　　次	2021 年 4 月第 1 版　　2021 年 4 月第 1 次印刷

书　　号	ISBN 978-7-5043-8601-4
定　　价	79.00 元

随着"抖音""快手"等短视频应用的流行，少则几秒、多则几十秒的短视频已成为人们展现自我的绝佳平台。短视频给予每个参与者非常大的发挥空间，越来越多的人喜欢用手机拍摄短视频。随着短视频浪潮的翻涌，越来越多出彩的短视频作品呈现在眼前。如何让自己的短视频在众多视频中脱颖而出呢？这就需要短视频创作者掌握一定的策划、拍摄、剪辑与后期处理技巧，等等。

本书中采用简单明了的语言，详细分析短视频处理的流程，分别从短视频的策划定位、内容拍摄、后期的剪辑、配音、字幕、转场、特效、推广引流等多个方面着手，让零基础的读者也能用手机制作出精彩的短视频作品。

◎ 本书内容安排

全书共包含 12 个章节的内容，具体编排如下。

第 1 章入门知识：初识短视频。主要介绍短视频的特点、分类，以及提升短视频推广效果的技巧等。

第 2 章前期准备：好策划才能出好作品。主要介绍短视频策划方面的知识，包含如何找准短视频定位、保证短视频主题的鲜明性、短视频标签的设置等内容。

第 3 章拍摄技巧：快速提高拍摄水平和第 4 章创意拍摄：拍出更出彩的短视频。这两章主要介绍短视频拍摄方面的技巧，并针对手机拍摄短视频的构图、景别、运镜、实拍等多个方面进行全面讲解，帮助广大短视频拍摄爱好者了解手机短视频拍摄的专业技巧和专业名词，解决用户拍摄时的痛点与难点。

第 5 章～第 11 章的内容为短视频后期处理技巧，从短视频封面到短视频的剪辑、调色、滤镜、转场等功能的操作分解，再到短视频最终的保存与分享发布。这部分对短视频后期的处理操作提供了一条龙的精准服务，犹如专业老师面对面教学，让你一学就会。

◎ 本书特色

★ **技巧为主，纯粹干货**：全书选择了大量实用性超强的制作技巧，每个技巧采用实战案例的形式，将短视频制作的重点、难点以及应用的角度等融入案例中，让读者能够了解短视频制作的精髓。

★ **本书内容丰富，知识点全面**：书中不单讲解了短视频的拍摄、剪辑、滤镜、转场、字幕、音效等后期制作的内容，还对短视频的策划、发布分享等内容也进行了详细介绍，以帮助大家轻轻松松地从新手快速成为短视频拍摄和后期制作高手。

◎ 读者对象

本书内容分类清晰，语言简洁通俗，图文并茂，适合短视频行业领域的从业人员、想通过短视频进行营销的商户或个体网店店主、通过短视频实现快速引流的新媒体人和专注短视频风口的创业者等人士阅读，同时针对那些对短视频运营和营销感兴趣的读者，本书也可满足其阅读需求。

尽管作者在编写过程中力求准确、完善，但是书中难免会存在疏漏之处，恳请广大读者批评指正，让我们共同对书中的内容进行探讨，实现共同进步。

作者

2021 年 3 月

如何获取云空间资料

一　扫描关注微信公众号

在手机微信的"发现"页面中点击"扫一扫"功能，如右一图所示，进入"扫二维码/条码/小程序码"界面，将手机摄像头对准右二图中的二维码，扫描识别后进入"详细资料"页面，点击"关注公众号"按钮，关注我们的微信公众号。

二　获取资料下载地址和提取码

点击公众号主页面左下角的小键盘图标，进入输入状态，在输入框中输入本书书号的后6位数字"386014"，点击"发送"按钮，即可获取本书云空间资料的下载地址和提取码，如右图所示。

三　打开资料下载页面

在计算机的网页浏览器地址栏中输入前面获取的下载地址（输入时注意区分大小写），如右图所示，按【Enter】键即可打开资料下载页面。

四　输入提取码并下载资料

在资料下载页面的"请输入提取码"文本框中输入前面获取的提取码（输入时注意区分大小写），再单击"提取文件"按钮。在新页面中单击打开资料文件夹，在要下载的文件名后单击"下载"按钮，即可将其下载到计算机中。如果页面中提示选择"高速下载"或"普通下载"，请选择"普通下载"。下载的资料如果为压缩包，可使用7-Zip、WinRAR等软件解压。

提示

读者在下载和使用云空间资料的过程中如果遇到自己解决不了的问题，可以加入QQ群736148470，向群管理员寻求帮助。

目录   CONTENTS

第4章　创意拍摄——拍出更出彩的短视频

第5章　标题+封面——轻松打造爆款短视频

第6章 剪辑——十大技巧，剪出你的第一个大片

第7章 调色——打造独特的短视频风格

第8章 音频——让你的短视频重新发"声"

第9章 字幕——丰富信息的定位传递

第10章 转场+特效——让短视频效果加倍

第11章　营销推广——增加短视频变现的可能

第12章　实战演练——旅拍短视频制作

第 1 章

入门知识
——初识短视频

　　随着移动设备、移动互联网、社交媒体的兴起与发展，短视频已经逐渐走进了大众的视野。顾名思义，短视频就是时间较短的视频，作为一种新兴的互联网内容传播载体，具有制作简单、用户参与度广泛等诸多特点。本章将详细介绍一些短视频的基础知识，来帮大家快速了解短视频。

1.1 三大基础，教你从头开始认识短视频

提到短视频，相信大家都不陌生，无论是快手、抖音等主流的短视频平台，还是微信、微博等社交平台，随处都可以看到各种不同类型的短视频。那么，究竟什么是短视频？短视频又有哪些优势？下面就为大家一一进行解答。

1. 短视频的定义

短视频是指一种视频长度以秒计数，主要依托于移动智能终端实现快速拍摄和美化编辑，可在社交媒体平台上实时分享和无缝对接的一种新型视频形式。它融合了文字、语音和视频，可以更加直观、立体地满足用户的表达、沟通需求，满足人们之间展示与分享的诉求。

2. 短视频的特点

与传统长视频相比，短视频具有视频长度较短、传播速度快，生产流程简单化、制作门槛低，参与度广泛、社交媒体属性强等诸多特点。

◆ 视频长度较短，传播速度更快：首先，短视频时长都比较短，一般不会超过 60 秒，这种短小、精练的视频模式使得即拍即传成为一种可能；其次，随着移动互联网的发展，移动客户端成为短视频传播的主要途径。用户只需几分钟的时间，就可以拍摄一段短视频并发布；同时，即时观看，使短视频的播放更加便捷，也为其快速传播提供了有利条件。

◆ 生产流程简单化，制作门槛更低：相较于专业化的长视频制作，短视频简化了内容生产流程，制作门槛相对较低。依托智能终端设备就能实现拍摄、制作与编辑；此外，目前大多数主流短视频制作的 APP 中，添加现成的滤镜、特效功能，就可使内容更加专业化。

◆ 参与度广泛，社交媒体属性强：短视频不是视频网站的缩小版，而是社交的延续，成为信息传递的一种方式。一方面，用户通过参与短视频话题，突破了时间、空间、人群的限制，参与线上活动变得简单有趣，使用户更有参与感；另一方面，社交媒体为用户的创意和分享提供了一种便捷的传播渠道。表面上看，短视频 APP 的竞争是点击量的竞争，但实际上较量的是各自社交方式带给用户的体验，以及用户背后社交圈的重划。

3. 短视频的分类

过去的几十年，从文字、图片到视频，互联网内容不断更新迭代并形成错综复杂的组合，信息量越来越大、可视性越来越强，短视频的表现形式也越来越丰富。目前活跃在互联网的短视频类型主要有娱乐搞笑、街访、美食、电影解说等几大类。

◆ 搞笑"吐槽"类：搞笑"吐槽"类短视频非常受人们的喜爱与关注。"吐槽"

一般是指从他人话语或某个事件中找到一个切入点进行调侃的行为。搞笑"吐槽"类短视频就是将当下实时热门话题或者一些社会关注度较高的话题，用自己的风格加以描述，以脱口秀的方式录制的短视频，或者是具有一定故事情节但通常有意料之外的剧情反转的情景短视频。这类短视频能够缓解人们的紧张心情，释放压力，愉悦身心。如下图所示的几个短视频就是以不同的话题作为"吐槽"点的短视频画面。

◆ **路人访谈类**：路人访谈类短视频一般选择人们关心的话题，展现人们的真实想法，贴近人们的兴趣，吸引更多的参与者与观众。这类短视频有两种表现形式：一种是，当一个被采访者回答完问题后，提出一个问题让下一个人回答；另一种是，所有的被采访者都固定回答同一个问题。

路人访谈类短视频的卖点通常是问题的话题性以及路人的颜值，只要话题选得好，被采访的对象颜值高，其视频的播放量一般不会低。如右图所示，在抖音中以"街访"为关键字搜索，可以看到大量做这一类短视频的账号和相关的短视频。

◆ **舌尖美食类**：美食承载着国人丰富的饮食文化，吃在我们每个人的生活中都占据着重要的位置，所以美食类短视频更容易引发人们的情感共鸣，仿佛隔着屏幕都能闻到食物的气味，从而享受美食带来的快乐。美食类短视频不仅可以向受众展示与美食相关的技能，还能体现拍摄者及出镜人对生活的乐观与热情。美食类短视频可以细分出多种类型，如以故事为主线的美食短视频、以教学为主线的美食短视频、以记录吃饭为主题的美食短视频等，如下图所示就是不同类型的美食类短视频画面。

◆ **生活技巧类**：生活技巧类短视频通常以生活小窍门为切入点，创作者把自己擅长的生活技巧展示出来，制作出精彩的技能短视频，然后通过抖音、微博、微视等平台进行病毒式传播。总体来说，这类短视频的剪辑风格清晰，节奏较快，短小精悍，视频的整体色调和配色都轻松，能够吸引用户驻留观看，如右图所示的这两个短视频画面。

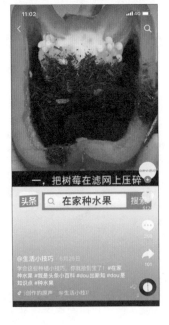 

◆ **影视解说类**：影视解说类短视频要求旁白声音有较高的辨识度，有自己的风格特色，而且在影视素材的选择上有讲究，选择有一定代表性的电影或电视剧，通过幽默搞笑的语言把自己的思想观点表达出来，这也是非常吸引用户的，再配上剪辑后的剧情画面，或者为网友推荐一些优秀的影视作品为内容来进行创作，如下图所示的这几个短视频画面。

◆ **时尚美妆类**：时尚美妆类短视频主要面向追求和向往美丽、时尚、潮流的女性群体，她们选择观看这类短视频主要就是为了从中学习一些化妆技巧来使自己变得更美。时尚美妆类短视频的兴起体现了用户对美的一种追求心理。时尚美妆类的短视频通常可以分为测评类、技巧类和仿妆类等3种，如下图所示的分别为这几类的短视频画面。

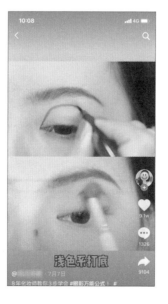

◆ **清新文艺类:** 清新才艺类短视频主要针对文艺青年,其内容与生活、文化、习俗、传统、风景等有关,短视频内容的风格给人一种纪录片、微电影的感觉,短视频画面塑造的意境唯美,色调清新淡雅,富有艺术气息。这类短视频受众相对要少,所以相对于其他类型的短视频来说播放量较少,但粉丝黏性高,实现商业变现也比较容易。如下图所示的这几个画面即为清新文艺类的短视频截图。

◆ **个人才艺类:** 才艺不仅仅指唱歌、跳舞,只要是你自己会,而其他很多人不会且不能短时间内就学会的技能,都可以叫才艺。当今时代,一个人如果有自己独特的才艺,就能在自己擅长的领域创造出更多的花样,从而激发人们的好奇心,引起围观,甚至受到追捧。如下图就是个人才艺展示的几个短视频画面。

1.2 发展历程，揭秘短视频的前世今生

从 2004 年到 2011 年这长达八年的时间里，随着土豆、优酷、乐视、搜狐、爱奇艺等视频网站的相继成立，以及用户流量的持续增加，全民逐渐开始进入视频时代。

2011 年以后，伴随着移动互联网终端的普及和网络的提速，以及流量资费的降低，更加贴合用户碎片化内容消费需求的短视频，凭借着"短平快"的内容传播优势，迅速获得了包括各大内容平台、粉丝，以及资本等多方的支持与青睐。

自 2013 年新浪微博推出"秒拍"，短视频在我国互联网的土壤上开始快速生长。如今，在智能移动终端应用商店的"摄影与录像"类的排行榜中，抖音、快手、微视、VUE 等短视频 APP 争奇斗艳，短视频领域已成为互联网巨头竞争的新战场。据最新数据显示，目前短视频独立用户数已经达到 5.08 亿个，占国内网民总数的 46%，即平均每两个网民中就有一个有观看短视频的习惯。总体来说，短视频经历了萌芽期、探索期、成长期、成熟期和突破期五个发展阶段。

1. 萌芽期

短视频的源头有两个：一是视频网站，二是短的影视节目，如短片、微电影，后者出现的时间比前者更早。2004 年，随着中国首家专业的视频网站——乐视网的成立，拉开了我国视频网站的序幕。2005 年，国外视频分享网站 Youtube、Viddy、Instagram 等受众广泛，并深受用户喜爱，其发展经验和成功模式引起了国内互联网企业的关注，它们结合国内市场不断推出新应用网站，如土豆网、56 网、激动网、PPTV、PPS 等，这些应用网站就构成了我们视频网站发展初期的主要成员。

视频网站在国内刚兴起时，主要以用户上传分享的短视频为主，例如 2006 年年初，《一个馒头引发的血案》短视频就引发了广泛关注。但是，在 PC 互联网时代，视频网站内容仍然是以传统电视的内容上线为主，短视频还只是一个补充。一直到进入移动互联网之后，短视频的发展才拉开序幕。

2. 探索期

随着移动互联网时代的到来，信息传播的碎片化和内容制作的低门槛，短视频才得到发展。2011 年 3 月，北京快手科技有限公司推出一款叫"GIF 快手"的软件产品，其主要功能是用来制作、分享 GIF 图片。2012 年 11 月，"GIF 快手"转型为短视频社区，并正式更名为"快手"，在一开始的时候，它并没有得到用户的关注。

2014 年前后，随着智能手机的普及，短视频的拍摄和制作更加便捷，智能手机也成为短视频拍摄的利器，人人都可以随时随地地去制作短视频。与此同时，无线网络技术已逐渐变得成熟，手机上传使得短视频分享成为一种流行文化。美拍、秒拍、微视迅速崛起。与此同时，快手也迎来了用户数量大规模的增长好时期，它采用推荐算法，使

得推送的短视频内容与用户的偏好高度匹配，不仅大大增强了用户黏度，而且这种"短平快"的内容消费更容易满足用户的需求，由此让更多的年轻用户沉迷其中，如下图所示的为快手的首页和短视频界面。

短视频的特点不只是时长的缩短，更重要的是它的生产模式由专业生产内容（professionally-produced content，PGC）转向为用户原创内容 (user generated content，UGC)，这无疑让短视频的产量随之剧增，各类短视频平台也如雨后春笋般纷纷涌现，例如蛙趣视频、小咖秀、开眼、逗拍等。

3．成长期

2016 年，短视频行业迎来爆发式井喷的一年。其间，各大公司合力完成了超过 30 笔的资金运作，短视频市场的融资金额更是高达 50 多亿元。随着资本的涌入，各类短视频 APP 数量激增，用户的媒介使用习惯也逐渐形成，平台和用户对优质内容的需求增大。

2016 年 9 月，抖音上线，其最初是一个面向年轻人的音频短视频社区，用户可以通过这款软件选择歌曲，拍摄音乐短视频，形成自己的作品。到 2017 年，抖音进入迅速发展期，并在首页中添加了"附近"界面，用户可以通过搜索"附近"图标寻找本地相关的短视频和用户，增加了社交的贴近性，此举也进一步增加了抖音视频的曝光量。如右图所示，分别为抖音的推荐界面和"附近"用户发布的短视频界面。

伴随着更多短视频内容创作者的涌入，众多独具特色的移动应用出现，使得短视频市场开始向精细化、垂直化方向发展。比如，主打生活方式的刻画视频、主打财经领域的功夫财经视频、主打新闻资讯短视频的梨视频等。在短视频成长期，短视频内容消费习惯逐渐普及，内容价值成为支撑短视频行业持续发展的主要动力。

4．成熟期

2018年，快手、抖音、美拍相继推出了商业平台。短视频产业链条开始逐渐发展起来，随着平台方和内容方的内容不断丰富细分，用户数大增的同时，商业化也成为短视频平台追逐的目标。现如今，以抖音、快手为代表的短视频平台月活用户环比增长率出现了一定的下降。随着用户规模即将饱和，用户红利的逐步减弱，如何在商业变现模式、内容审核、垂直领域、分发渠道等领域更为成熟，自然而然就成为短视频行业发展的新目标。

5．突破期

随着5G技术的发展和AR、VR、无人机拍摄、全景技术等短视频拍摄技术的日益成熟及广泛应用，短视频为用户呈现出越来越好的视觉体验，有力地促进了短视频行业的发展。

在短视频市场如火如荼的激烈竞争下，人们都在努力寻找市场发展的蓝海区域，而"短视频+"的模式备受瞩目。例如，短视频平台与电商平台共同积极响应国家扶贫政策，开拓出通过"短视频+直播"和"短视频+电商"售卖农副产品的渠道，其传播途径更短、效率更高，能够带给消费者更加直观、生动的购物体验，产品转化率高，营销效果好。而"短视频+直播"和"短视频+电商"将成为短视频发展的全新赛道。如下左图所示的为短视频平台上的直播画面；如下中图所示的为短视频中的商品展示，点击画面中的购物车，就会弹出如下右图所示的商品购买界面。

除此之外，短视频"变长"，长视频"变短"也逐渐成为各短视频平台不断探索的新方向，我们所熟悉的抖音、快手等短视频平台也开始逐步进军长视频领域。2019年4月，抖音全面开放了用户1分钟的视频权限，同年8月，又宣布逐步开放15分钟视频的发布权限。另外，快手也于2019年7月内测长视频功能，时长限制在57秒以上10分钟以内，获得此权限的用户可以选择"相册"中时长超过57秒的短视频进行发布。如下图所示的分别为抖音和快手的短视频拍摄界面，可以看到图下方有可以选择不同的短视频拍摄时长的功能。

与抖音、快手等短视频平台不同的优酷、爱奇艺、腾讯视频等长视频平台，虽然在短视频领域表现并不突出，但是也在尝试开拓新的短视频模式——短视频剧，如优酷设立的"小剧场"、爱奇艺设立的"小视频"等，如下图所示。这种新的短视频模式做到了视频的长短平衡，剧情虽然简短，但是内容完整。由此能看出，短视频和长视频呈现出了融合发展的趋势。

1.3 六大技巧，提升短视频推广效果

如何提升流量，是短视频运营者最关心的问题之一。因为流量在很大程度上代表着运营者的品牌影响力。不择手段地引爆流量，是一种简单粗暴的短视做法，虽然能收效一时，但无法树立品牌口碑。我们做短视频营销，不能过于急功近利，看到别人用剑走偏锋的手段引爆了流量，就盲目跟风。下面介绍几种提升短视频流量的技巧。

1. 利用明星效应

利用明星效应是短视频运营者最容易想到的推广方法。流量说简单一点就是影响力，而影响力取决于知名度。明星的知名度高，有一呼百应的影响力。所以，很多商家总是寻找明星担任产品或者品牌形象代言人。短视频也不例外，明星发布的短视频会被其忠实粉丝大量转发扩散，让不计其数的路人也看到相关的内容。这样一来，运营者想传达的内容就被推广出去了。

下图所示的为运动休闲品牌的抖音号，这个账号一共只发布100多条短视频，却收获300多万次的点赞，其吸粉武器就是流量明星。满屏都是"郑×""迪丽×巴""易烊×玺"等年轻人非常喜欢的明星，加之时尚的造型、动感的背景音乐，使得视频的传播效果都很可观。

利用明星推广办法虽然有效，但投入的成本通常较高。知名度越高的明星，代言费也越高。运营者付出的成本能否赚回预期的流量收益，是一个在策划阶段就要考虑清楚的问题。因此，有些短视频运营者另辟蹊径，一改用明星艺人背书的常规思路，走演员草根化路线。短视频中出镜的都不是专业演员，而是凭借巧妙的剧情构思引爆流量，从而成为新一代网红，这可以节省大量成本。

2. 热点话题，吸引关注

热点话题指的是上了社交媒体平台"热搜"的话题。上了热搜的话题一般会被平台

优先推广，让所有用户都看到。许多营销号、自媒体为了蹭热度也会纷纷跟风参与讨论热点话题，让该话题在热搜的人气和排名更高。由此可见，利用热点话题引发网民热议也是一种非常有效的推广手段。热点话题分为产品话题、传播话题和日常话题等几类。

◆ **产品话题**：产品话题包含产品的功效、性能、材质、用法、生产、营销等信息。凡是关于产品的一切，都可以想办法做成一个话题。对商家来说，产品话题是跟经济利益和社会利益关系最直接的热点话题，也是短视频营销中要表达的核心内容。也有专业人士将产品话题称为话题营销的主食。

制造产品话题的常用手段是制作产品的广告短片，然后将其发布于各大社交平台。值得注意的是，产品话题要设法营造出新鲜感。因为用户对同一产品越熟悉，就越容易对宣传视频产生审美疲劳。一定要找到更新颖、更贴近生活用途的视角，最好能用产品来引出某个大众关心的生活需求。

◆ **传播话题**：传播话题是指用于包装产品的当下热点话题。比如，"回家过年"是每年春节期间必然会出现的热点话题。如果能把产品和"回家过年"的热点结合在一起，短视频宣传片的推广效果就会比平时好很多。

如下图所示的百事可乐在春节期间推出《把可乐带回家》系列短视频，就是一个成功的典范。这些短视频的重点不是展示产品，而是宣传中国的家文化和年文化，产品只是作为年货出现。如果只讨论与百事可乐相关的产品话题，对宣传片感兴趣的网友就会比较少。而以"回家过年"的传播话题作为切入点，就会引发全民的共鸣感，也会主动转发《把可乐带回家》短视频来营造过年的氛围。

◆ **日常话题**：短视频运营者一般都能利用好传播话题。但是当一个热点结束后，短视频的推广效果会迅速下降。能否想办法让自己的产品和品牌一直保持足够的话题热度，是衡量短视频营销水平的一个重要标杆。换言之，就是找到能反复讨论且与品牌相关的日常话题。

3. 打造品牌人设，提升黏性

"人设"是人物设定的简称，是用来描述一个人物的性格、外貌、生活背景等的角色设计要素。"人设"常见于文艺作品，现在也被广泛运用于商业营销，尤其是短视频营销领域。凡是给用户印象深刻的短视频运营者，大都具备识别度很高的品牌"人设"。

也许这些短视频运营者最初只是出于个人兴趣上传短视频供大家乐一乐，没考虑商业问题。但个性鲜明的"人设"使其短视频作品在无形中产生了品牌影响力，从而被人们追捧和推广。

比如，网络红人"手×耿"的"人设"就很特别，他有着"保定爱迪生""手工界樊少皇""无用产品的发明者""无用良品"等绰号。这些绰号生动形象地揭示了他的"人设"。他的短视频主要使用一些废弃的材料来做一些有趣的创意设计，下图所示就是他制作创意烧烤浴盆的短视频画面。

4. 发起挑战赛，快速聚集流量

通过短视频发起挑战赛也是一个引爆流量的好点子。人类天生对带有激励机制的游戏感兴趣，区别只在于每个人喜欢的游戏类型不尽相同。挑战赛就是一种典型的带有激励机制的游戏，能激发人们的好奇心与好胜心，从而将挑战赛的信息迅速传播开来。

例如，在中秋节前后，故宫食品官方抖音号发起的"#众卿抖起来"的主题挑战赛，掀起了宫廷中秋抖音盛会。用户在参与活动的同时既能了解故宫藏品，又能从对传统文化的理解中衍生出有创意的视频，借此唤醒并弘扬传统文化，如右图所示。

5. 创意广告，提升观感

短视频平台最初发布的都是一些简单的短视频。但是随着这个领域的不断发展，许多商家推出了精心制作的短视频创意广告，开辟了新的流量增长点。不同于普通人随手录制的生活短视频，创意广告是由专业广告公司打造的，从剧情设计、拍摄、剪辑、制作等方面都精雕细琢，力求提高短视频内容的品质和用户的观看体验。

例如，海尔发布的奇幻新年广告片《新治家之道》，就是一个典型的短视频创意广告，如下图所示。这则短视频广告脑洞大开，让中国儒家圣人孔子和英国的数学家图灵坐上同一趟列车，观看了当代家庭的种种形态。视频最后，孔子感叹道："这个时代，家，还真是有点不一样了呢。"

海尔集团的智能家居产品贯穿于各个家庭的生活场景当中，为每一种形态的家庭提供了智能化生活保障。这则创意广告不仅是在展示产品，更是在向人们传递一种尊重多元价值观的人文情怀，表明海尔以科技改善人们生活的品牌理念。

6．与 KOL 合作，提升知名度

KOL，全称为 Key Opinion Leader，即关键意见领袖。这类人在互联网上有较大的影响力，往往受到某个群体的推崇。他们说的话和推荐的产品，往往会被该群体接受。特别是熟悉某类产品的 KOL 可以给大众讲解详细、准确、实用的产品信息，可以说是天然的优秀产品宣传员。

寻找 KOL 合作也是一种不错的推广方法，可以借助其人气开辟更多的受众，形成新的销售增长点。比如，"口红一哥"李×琦成功挑战"30 秒涂口红最多人数"的吉尼斯纪录，成为涂口红的世界纪录保持者。他在直播时试用各种口红，因此成为口红类产品的 KOL，许多商家都纷纷要与他合作。如右图所示的即为他的短视频画面。

1.4 优质内容，助你轻松打造爆款短视频

短视频作为一种直观、真实的内容表现形式，在感染力方面明显会比文字更胜一筹。想要让短视频发挥出更大的推广效果，就需要在视频内容上下功夫，打造出受大众欢迎、让用户点赞的爆款内容。下面就从 7 个方面着手，介绍如何打造爆款短视频。

1．正能量内容

正能量内容指的是那些能激励人们奋发向上、热爱生活的内容，如见义勇为的义举、突出重围的壮举、锲而不舍的坚持、无惧挑战的勇气、精忠报国的赤诚、救死扶伤的仁心、举手之劳的善意等。

正能量内容的短视频通常都比较受大众欢迎，因为人们很容易被这些代表着人间美好品质的内容所感动。此类内容还能振奋士气、激励人心，让大家从迷茫和挫败中重整旗鼓。

如右图所示的短视频拍摄的是早高峰期间一位老大爷过马路。当红灯亮起时，直行车道上的机动车没有一台起步，也没有一台按喇叭催促。交警发现后，还将老大爷背到了中心双实线区等候。就是这样暖心、充满正能量的画面，配上振奋人心的音乐，触动了人们的感动之弦，不由得内心澎湃起来。这段短视频也轻松获得了上百万的点赞，并引发了接近 6 万人评论。

对受众来说，短视频平台更多的功能是打发无聊、闲暇的时光。而运营者若可以针对平台上人数众多的用户群体，多发布一些激励人心、感动你我的短视频内容，从而让无聊变得"有聊"，自然也就能让闲暇变得充实起来。这也是符合短视频平台内容正确的发展要求的。

2．高颜值的内容

人们天生就是爱美的，都喜欢美好的事物。我们可以看到在抖音上面，很多颜值高的小姐姐、小哥哥都得到比较高的关注度和点赞量。在短短的几十秒时间里，只要外表具有吸引力，很容易获得用户的好感。但是颜值类短视频对天赋要求较高，不仅要长得好看，还要有辨识度。

制作以颜值为卖点的短视频内容关键在于一定要保持高颜值，让大家一看就感到赏心悦目，大饱眼福。从人的方面来说，除了先天条件，想要提升颜值，有必要在展现出来的形象和妆容上下功夫，从而看起来神采奕奕，而不是一副颓废的样子。比如，在拍摄短视频之前，先化一个精致的妆容。

比如，抖音上比较火的美食类短视频，这类短视频之所以会火，除了可以带大家"品尝"到各种美食外，出镜人物的超高颜值也是很多账号实力圈粉的重要原因之一。右图所示的就是某个热门账号所拍摄的短视频画面。

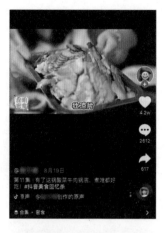

除了人之外，颜值在其他很多方面也是有所体现的，如秀丽如画的美景、色香味俱全的美食、精美的艺术品等，这些都属于"颜值控"喜欢的内容。看着这些高颜值的内容，短视频用户往往会心情大好，甚至愿意为此消费。如右图所示的这几个短视频画面都是高颜值的表现。想要打造高颜值的短视频，运营者需要提高自己的审美能力，多学习一些相关的知识，增加艺术细胞。

比如在拍摄食物、风景时，能够发现其最美的一面，并结合一些摄影技巧，如精妙的画面布局、构图等，尽可能地以最养眼的方式来展示拍摄对象。

3. 具有萌属性的内容

在互联网文化中，萌属性意味着可爱、治愈，能给人们带来极佳的心灵体验。所以，以宠物为主题的萌宠博主在短视频行业中占据了一席之地。萌宠博主给大家分享高颜值的猫、狗、鸟、仓鼠等宠物，将其萌的一面展现出来。即使不养宠物的网友，也喜欢"云吸猫""云撸狗"。因此，带有萌属性的短视频内容往往会打破行业领域的限制，产生很高的流量。如下图所示为抖音红人"会说话的刘 × 豆"，她的短视频内容就是拍摄自己家的两只猫咪，通过后期为它们配音，展现了猫咪萌动、可爱的一面，获得了大量用户的关注和点赞。

如右图所示，除了萌宠以外，有的父母喜欢上传自家萌娃的短视频，赢得众网友的青睐。有些网友则以萌萌的玩偶为短视频主角，配上生动的故事和风趣的背景音乐，用这种方式吸引更多人来观看自己的短视频，甚至购买短视频中的萌玩偶。

4. 令人暖心的情感内容

想要打造爆款短视频，就要认真研究人的情感。人是社会动物，有通过社交来建立情感联系、寻找归属感的本能需求。所以，凡是涉及人间真情的内容，总能轻易打动人们心中的柔软之处。至死不渝的爱情、血浓于水的亲情、荣辱与共的友情，都是可以打造出爆款短视频的好题材。

令人暖心的情感内容都是以"爱"为核心的。无论短视频讲述的是哪一种情感，都要记住一句话："不精不诚，不能动人。"在挑选感人的事件和场景时，要带着一颗真诚的心去创作。如果自己都不用心，必然不可能做出打动众人的好作品。

如右图所示的两个短视频都是阐述"爱情"这一主题的。爱情是一个亘古不变的主题，它涉及了所有人。基于这一社会情景基础，短视频拍摄的内容都是表现夫妻之间相伴到老的爱情，即使已经白发苍苍，依然陪伴在彼此身边，不离不弃。看到这样的短视频，你是不是羡慕这样的爱情？

5．展现非凡的技艺

不少玩抖音、快手的用户常常会感叹"高手在民间"。短视频给了很多默默无闻的普通人一个展示自我的机会。在如右图所示的短视频中，一名厨师展示了自己精湛的刀工，把做菜过程变成了一门视觉艺术，让观众看得十分过瘾。另外，有一些手工艺人也借短视频露了一手

绝活，让观众看到了超出想象的非凡技巧和创意。

展现主人公非凡技巧的短视频由于内容很有技术含量，大家在日常生活中很少有机会看到，往往能赢得很高的人气。但是，因为其技术含量高，自然也就提高了运营门槛，只有专业人士才能做好这类短视频。

6．幽默搞笑的内容

最先在短视频平台上火起来的内容就是各种搞笑的短视频。恶搞和搞笑的短视频的

制作门槛较低，人们用手机随手拍摄生活中遇到的趣味场景就实现了制作。如果能再加入一点稀奇古怪的无厘头创意，效果就更佳了。所以，幽默搞笑内容的短视频是短视频平台上的主力军，也是最容易出爆款短视频的所在。

在各大短视频平台上都有很多专门做这一类短视频的账号。如右图所示的抖音平台上的"搞笑×频"就是一个专门做搞笑段子的账号，其发布的短视频内容都是以搞笑的文字片段为主，搭配上动画、配音，使人总会忍不住笑一笑。

7．实用干货内容

如果说前面的几种短视频内容侧重欣赏价值，那么，实用干货内容就更侧重应用价值。相对于用来欣赏的短视频，这类短视频能给用户分享一些有用的、有价值的知识和技巧。从某种意义上来讲，它是最具含金量的内容，在今后的短视频营销中也会占据越来越大的比重。由于实用干货类短视频能给用户提供更多有用、有价值的知识和技巧，得到的关注度也很高。

实用干货内容可以分为两大类：一类是知识性内容，另一类是操作技巧性内容。知识性内容讲述的是各个领域的专业知识；操作技巧性内容展示的是各种实用的操作技巧。这二者对用户来说都是"有用的东西"，需要运营者有扎实的专业功底，如果没有拿得出手的干货，想要获得大众的认可必然是非常困难的。如右图所示的就是专门做短视频拍摄剪辑技法的一个账号。

第2章

前期准备
—— 好策划才能出好作品

在激烈的短视频市场竞争中，短视频创作者想让其创作的短视频脱颖而出，则需要新奇的创意来策划短视频的选题和内容。一个优秀的短视频往往离不开好的策划方案，有水平、有创意的策划方案往往能让短视频作品主题鲜明，且具有较强的观赏性。所以，要想打造出优秀的短视频作品，必须做好前期策划工作。本章将介绍短视频策划方面的知识。

2.1 三步帮你找准短视频的定位

短视频制作的第一步，也是最重要的一步，就是定位。只有定位清晰、准确，才能在制作短视频时做到"有的放矢"，而且对于后续的短视频发展和推广也能起到事半功倍的作用。短视频的定位可以从题材定位、风格定位和内容定位等三个方面考虑。

1. 选择合适的短视频题材

在制作短视频之前，首先问一问自己：我擅长经营哪种类型的短视频账号。只有确定了短视频的题材，才能明确短视频的创作方向，并沿着这个方向做具体的内容工作。以抖音为例，比较受用户喜欢的题材类型有旅游类、美食类、时尚美妆类、技能才艺类等。需要注意的是，题材的范围并不是固定不变的，范围可大可小。在创建短视频时，可以将所选的题材类型垂直细化。如果把题材定位在"舞蹈"，既可以选择现代舞，也可以选择民族舞，下图所示即为舞蹈教学的短视频画面。

2. 创建恰当的内容

确定了短视频的题材，明确了创建方向后，接下来就要思考短视频的内容定位，即回答"我要传递何种价值"这个问题。如果说题材定位是搭建框架，那么内容定位就是在这个框架内浇筑"混凝土"，只有二者有效结合，才能建造出彰显其个性的"高楼大厦"。

在做短视频内容定位时，要始终牢记住一点，那就是要传递什么价值。在这个"内容为王"的时代，只有在用户看完短视频后觉得内容有价值，他们才会关注创作者，持续观看创作者其他的作品。短视频内容要体现自己的价值观念，而且这个价值观念还要与用户趋于一致，这样才更容易打动用户，使其产生共鸣，促进传播扩散。

例如，抖音账号"末 × 大叔"的短视频内容描绘的是一对温情父子的日常生活和相处模式，记录成年人的一些消费观、家庭观和生活方式，引发了更多人的情感共鸣，所以这个账号才能够拥有高达 1000 多万的粉丝和高达上亿次的点赞量。如下图所示的为这个账号的主页和短视频画面。

做短视频最重要的就是向观众传递价值，只有观众看完你的内容觉得对自己有用，才会关注你的账号，成为你的粉丝。我们创作内容时也要遵循这个准则，最好的办法就是输出干货类的内容，很多内容可能你不以为然，但是对其他人来说就是知识、技能。

例如，爱拍照的"木 × 萌"账号的短视频以分享创意拍照小技巧为主要内容。谁不想自己拍摄的照片也美美的呢？粉丝通过观看她的短视频内容就能掌握很多真正有用的照片拍摄技巧，所以这样的账号只用了半年时间就成为同类账号争相模仿的头部账号。如下图所示的为这个账号的作品界面和短视频画面。

对于初涉短视频领域的创作者来说，最开始可能既没有"人气"基础，又没有足够的曝光率和知名度，想要引起用户的关注，内容就是关键。因此，一方面要保证短视频内容立意新颖，内涵丰富，融入价值情感；另一方面，还要注重打造内容细节，在细节上能给用户带来惊喜，避免千篇一律，这样既能加深用户对其内容和账号的印象，还能吸引其持续关注。

3. 确定短视频的格调

确定短视频的格调就是确定短视频的风格定位。在有了创意内容之后，接下来就要思考"我如何实现这种价值"，选择什么样的展示形式来诠释短视频主题，例如，是用一段完整、连贯的短视频，还是用一张张串联起来的图片？是准确真人出镜，还是采用卡通动画形象？是解说评论，还是街头采访？是想渲染浪漫唯美的气氛，还是想打造幽默搞笑的风格。

例如，"李 × 柒"账号的视频就是向人们展示世外桃源般的生活，闲云野鹤、田园人家的短视频格调激发了大批住在城市格子间的都市白领的向往之情，这种既唯美又接地气的人物形象吸引了无数人的目光。如下图所示的即为她的主页和短视频画面。

需要强调的是，在短视频创作者选择了一种短视频风格后，就一定要长期坚持下去。只有这样，这种风格才会成为自己的标签，深刻地烙印在粉丝的心中。当人们一看到类似风格的短视频，就会情不自禁地联想到你。

对于短视频创作者来说，找准题材是前提，做好内容定位是基础，而选好风格定位是精准吸引目标用户的关键。总之，只要让用户在看到短视频的瞬间就能够立刻知晓该短视频账号是做什么的，并且保证短视频内容有足够的吸引力，待用户看完以后能够领悟短视频所传递的信息价值且印象深刻，那么这样的定位就是成功的。

2.2 五项原则，保证短视频主题的鲜明性

想要做出好的短视频，选题是关键。短视频选题不能脱离用户，保证短视频主题鲜明，为用户提供有用、有趣的信息，才能吸引用户的关注。不管哪个领域的短视频，在策划选题的时候都要遵循选题有新意、以用户为中心、弘扬正确的价值观、选择互动性强的选题和避免违规操作等五项基本原则。

1. 选题有新意

短视频选题内容要有新颖的创意。我们平时在平台上看到的那些做得比较好的大IP，其成功都有一个共性，即不管内容也好，还是形式也好，都十分新颖、有创意。例如，会说话的"刘×豆""×酱"等。创意是一个比较抽象的概念，因为创作选题的角度和侧重点各不相同，所以创意并没有统一的标准和框架。虽然有些创意很难模仿，但是也可通过分析、比较，找出其创作思路和创意点，再经过自己的创新，也能策划出有新意的短视频选题。

2. 以用户为中心

我们做短视频的目标之一是为用户带来良好的观看体验和实用价值。所以策划短视频选题的时候，要优先考虑用户的喜好和需求，想清楚我们的短视频能够为用户带来什么，这样才能最大限度地获得用户的认可。

例如，做数码类的短视频，可以做新产品推荐的选题，为需要更新数码产品的用户带来参考价值，也可以做一些介绍数码产品功能的选题，为用户带来实用价值，如右图所示的这个账号，主要就是介绍一些华为手机的拍摄和隐藏功能，对用户来说这些都非常实用。

3. 弘扬正确的价值观

想要让短视频在各大平台上都得到有效推广，就必须树立健康、积极向上的价值观，只有真正弘扬正确价值观的短视频才能在平台上得到更好的推广位置。对用户来说也一样，只有充满正能量的短视频才能得到用户的认可，如果只是一味地为了获得短暂的人气而"博出位"的行为，虽然有可能在短期内获得一定量的关注，但是最终却会削减账号的生命力。

4．选择互动性强的选题

在策划短视频选题时，要尽量选择一些互动性强的选题，尤其是热点话题，其受关注度高，参与性强，这种互动性强的短视频也会被平台大力推荐，从而增加短视频的播放量。如右图所示的短视频画面，以怎样把泡面做成豪华大餐作为短视频选题，在画面右侧可以看到该短视频的点赞量达90多万次，评论数也将近1万条，点开评论可以看到粉丝用户参与讨论的详细内容。

5．避免违规操作

每个短视频平台都有其管理制度，会对一些敏感词语做出限制，所以短视频创作者要时刻关注平台出台的相关管理规范，远离敏感词语，避免违规操作。如果用户不确定某个词语是否属于敏感词，可以先在平台搜索一下，如果带这些词语的内容播放量很低或者干脆没有，就最好不要使用。

以抖音为例，如果想查看抖音对上传短视频有哪些要求，首先进入个人中心界面，点击界面左上角的扩展按钮，在展开的列表中点击设置选项，如下左图所示，进入设置界面，点击"社区自律公约"标签，如下中图所示，就能看到抖音平台对上传短视频的规范和要求，如下右图所示。

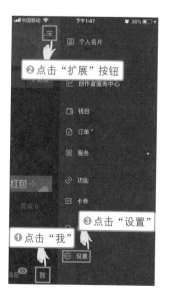

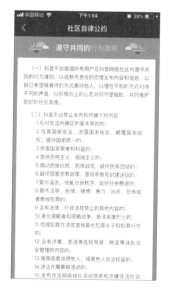

2.3 短视频标签，提高作品被推荐的机会

标签化是当下生活中十分常见的一种现象，通过贴标签的手法将人或事物分类，形成固定的形象，当其他人看到时首先想起的就是这个标签。在短视频领域中，同样追求这种贴标签的效果，比如人们一说到"吐槽"就会想到"×× 酱"，一说到"古风美食"就会想到"李 × 柒"一样。

好的标签可以使短视频切中算法推荐逻辑，直达粉丝用户群体，这在加大推荐曝光量上的重要性不言而喻。相反，如果视频制作精良，却没有好的标签助力，那么很容易淹没在茫茫人海中，得不到好的点击率，一番辛苦只能付诸东流。下面给大家介绍短视频打标签的四大技巧。

1. 标签数 6 ～ 8 个最佳

很多人会把短视频标签简单地理解为对短视频进行分类，于是就会贴上"搞笑""游戏""美食"这样的标签。其实短视频的标签不只是简单地给短视频分类，而是代表着分发给不同的粉丝群体，所以描述类词语的标签一定要符合该关键词画像的用户群体。

一般来讲，每个标签的字数在 2 ～ 4 字之间，好的短视频标签数在 6 ～ 8 个之间。标签字数太少不利于平台的推送和分发；太多同样会淹没重点，错过核心粉丝群体。比如一个游戏类的短视频，如果直接用"游戏"这个标签就太大众化了，我们可以添加更具体的类似于"绝地求生""刺激战场""吃鸡"等这样的标签，这样就方便平台将短视频更精准地推荐给玩这款游戏的目标用户。

2. 核心要点准确化

标签的内容一定要切合短视频内容。标签首要前提就是一定要准确，如果丧失了准度这一衡量标准，再多的标签也毫无作用。比如，发布美食类短视频，那么要切中的标签必然属于美食这一范畴内。比如："美味食谱""蛋糕""火锅""烘焙""麻辣烫"等。

一些用户在打标签的时候，误以为标签可以夸张一点，覆盖面广一点，可以将一些不相干的内容打入标签内以吸引特定人群，但是，这种做法往往会起到反作用。比如明明是美食类的短视频，非要贴上运动的标签；明明是萌宠类的短视频，非要贴上高科技的标签。这种非垂直类标签，甚至很可能让推荐算法系统识别不了，可能带来零推荐。

3. 命中靶心，找准受众是关键

给短视频打标签的目的就是找到短视频的核心受众，从而获取大量的点击率。所以标签中应体现出目标人群，从而正中靶心，将短视频直接投放到核心受众群体当中。比如运动、健身类短视频就可以在标签中加上"球迷""健身达人"等标签；有关动漫等二次元的内容，也可以加入类似"宅男""萝莉"等标签；涉及互联网、IT 行业的短视频，

也可以打上"码农"等标签。

4. 嗅觉灵敏，热点、热词要跟牢

作为内容创作者，必不可少的就是蹭热点的本领。在打标签上也是一样。热点事件既然能成为热点，就意味着有千千万万的网民在关注这一话题。因此，在短视频中加入热点、热词、热搜的内容，同样会增加视频的曝光率，从而获得更多推荐。但要注意的是，蹭热点固然好，仍然要遵循标签规范，不能毫无底线地去蹭一些与自己的短视频内容毫无关系的热点。

2.4 深度垂直，注重短视频细节

用户在最初观看短视频的时候，往往喜欢看一些流传广泛的搞笑娱乐性短视频。但是最终留住用户的，还是具备垂直有深度的短视频内容。

提到短视频内容的深度垂直，我们先要知道什么是垂直。垂直简单点来说就是指你的内容和你选择的领域是一致的，并且一个账号一直以来输出的应该是同一个类型的内容，如果说你今天是搞笑的段子、明天做美食、后天做健身，那毫无疑问你是一个没有垂直内容的短视频创作者。

内容流于表面的短视频是任何只要掌握相应技术的制作者就可以完成的，所以这种短视频很容易被他人所取代，难以形成稳固的粉丝群体。而如果短视频制作者专注某一领域，不断地对内容进行深入的挖掘，就会形成一种稀缺性。用户想要了解到的内容只有在该制作者这里可以获取，这就使得该制作者难以被取代，从而向专业化方向不断发展，最终形成IP，获得更好的发展。下图所示的即为抖音中一些关注度和点赞量都比较高的用户主页，可以看到他们的作品都是某一垂直领域的内容。

想要让短视频内容深度垂直，就要注意细节。俗话说"细节决定成败"，不管是什么主题的短视频，都必然存在着不易被他人发现的细节，短视频创作者如果可以把握住这一点，就会让用户感受到你的用心，从而产生认同感。

2.5 创新内容场景，挖掘新意

当你锁定了某个垂直领域，也推出了一系列的作品时，就形成了自己的特色。但是随着时间的推移，你会发现新作品的播放量、粉丝增长的速度变慢了，老粉丝也渐渐出现了审美疲劳，对你新发布的作品给出了更多负面的评价。其实，这些都是很正常的。每个短视频运营者在经历了最初的成功之后，都会逐渐进入瓶颈期。我们要知道，用户的审美和需求并不是一成不变的，在进入短视频创建的瓶颈期之后，需要设法突破创意策划的"瓶颈期"，以满足用户的新需求。创新内容场景就是一种更加准确地把握用户的喜好与需求的方法，它通过分析已发布短视频的不同凡响来找出不同时期用户的不同需求，用不同的场景来展现短视频内容。

短视频的内容场景有大小之分，若干个小场景共同构成大场景。大场景代表着短视频内容的基调，统领着我们要表达的主题；而小场景就是主题之下的各个细节，短视频中的闪光点主要体现在这些小场景中。简单来说，我们遭遇的瓶颈往往就在这些小场景上，为此，我们可以重新设置小场景的细节，精雕细琢，让用户产生新鲜感。以"李×柒"账号的作品为例，她的短视频从场景来看，就有很多不同的形式，既有表现耕种、采收的大场景，也有表现细节、特写的小场景，如下图所示的这几个短视频画面。除此之外，她的短视频有根据季节来做的，也有根据节日来做的，这就是在她的世外桃源的生活下，挖掘出来的不同的内容场景，这样的短视频自然而然能获得用户更多的关注。

　　短视频在进行内容场景创新的时候，还应该分清主次场景。主要场景在整个短视频中必须处于支配地位，统筹兼顾，统领次要场景；次要场景必须与主要场景统一，这样才能形成连贯的符合逻辑的完整场景体系，让观众在观看短视频的时候不会产生错位感。制作者在对短视频应用场景进行创新的时候，必须全面考虑主次场景，全面把握短视频的各个部分，只有这样，才能做成真正令观众满意的短视频作品。

2.6　追踪热点，帮助短视频快速升温

　　短视频创作中，除了自身的创意外，还要学会"蹭"热点，让短视频凭借热点话题迅速发酵与升温，所以它也是一种投入少、产出高的选题方法。一般情况下，热点可以分为常规性热点、突发性热点等两种。

　　常规性热点就是众人皆知的国家法定节假日、大型体育活动等，比如劳动节、中秋节、春节、奥运会等。常规性热点一般易受大众关注，持续时间相对固定，可以提前预见、提前筹备。突发性热点是指突然发生的、不可预见的社会事件。对突发性热点，抢的就是时间，争的就是速度，所以在"蹭"这类热点时，一定要把时效性放在第一位，它留给创作者反应和准备的时间都极短，需要具备敏锐的反应能力。了解了两种热点和各自的特点后，短视频创作者又从哪里获取热点信息呢？获取热点信息的方式有很多，可以从社交平台、各大资讯网站、热门榜单等寻找热点。

1.　在百度搜索风云榜中寻找热点

　　百度搜索风云榜是以数亿网民的搜索行为为数据基础，将关键词进行分类而形成的榜单，所以我们也可以在这里寻找热点。在百度搜索风云榜中可以看到"实时热点"和"七日关注"两个板块，如右图所示。

　　短视频创作者可以根据这些板块中的排名来进行话题选择，其中"实时热点"的话题往往迅速引爆，发酵速度快，这就要求短视频的完成也必须高效，这样才能得到热点的助力；而"七日关注"中的话题虽然也是热点，但是，为了得到用户的长期关注，制作者需要有更充分的时间来制作、打磨短视频内容，对内容进行深度挖掘。

2.　在微博中寻找热点

　　微博是当前人们在网格中使用较多的社交平台之一，其口号是"随时随地发现新鲜事"，所以我们可以在微博上找到时下最热门的新闻事件和话题，其中"微博热搜榜"

就是对当下热点较为及时整理和归纳的榜单。

打开微博首页，点击下方导航栏的"发现"按钮，点击"更多热搜"标签，如下左图所示，打开"微博热搜"界面，如下中图所示，如果想要查看更多的热门话题榜单，可以点击界面下方的"榜单"按钮，在新打开的界面就能看到诸如"直播"话题榜、"综艺"话题榜、"电视剧"话题榜等各类热门话题榜单，如下右图所示。

3. 在资讯综合类平台中寻找热点

一些资讯综合类平台自身并不生产内容，所有内容都是由创作者发布的，这些平台会根据标签将内容推送到用户面前，如今日头条网站的"推荐"和"热榜"板块，如下右图所示。在这些平台上找到适合自己领域的热点事件后，将评论中的精华部分抽取出来，并以此为切入点制作短视频，也是很容易引发用户共鸣的。

在我们从以上推荐的渠道中找到热点题材后，围绕这个热点题材中的精华部分，再结合自身的特色来策划短视频内容，做出一个个性鲜明的、具有独特创意的热门短视频，相信这样的短视频一定能够获得很多用户的关注。

2.7　持续性的内容输出提高曝光率

短视频发布的数量和频率是非常关键的，更新数量越多，曝光的概率也就越大。细心的人能够发现，一些大咖账号在内容的发布时间，以及数量上会有严格的规律，比如"日×记""××酱"账号。为什么要保持一定规律的内容输出呢？持续性的内容输出有助于用户加速通过渠道的新手期，有利于培养用户的习惯，占领用户心智等。所以，保证短视频内容稳定、持续性输出内容是每个账号在前期进行内容策划时就必须考虑的问题。

1．加速通过渠道的新手期

现在，很多平台通过新手期的门槛会越来越高，为了筛选一些真正的内容自媒体，平台在内容的质量上会严格把关，如果持续输出视频，形成日更，就会得到平台的认可，更容易度过新手期，从而获得平台分成。

2．有利于培养用户的习惯

持续规律地输出内容，可以培养用户固定的观看习惯，增强用户的黏性，久而久之，就容易记住你的 IP。在用户有了碎片化的时间后，用户会想起观看你的内容更新，从而形成一批稳定的粉丝。如果不能持续输出，用户就不会形成思维习惯，容易忘记你。对于最开始接触短视频的用户来说，视频发布频率前期在一天两更为好，后期在粉丝稳定后，保持一天或一周更新一次即可。

例如，抖音短视频"达人金毛×黄"账号，他的短视频内容讲述的就是主人与金毛蛋黄、优莉、二哈三只狗狗之间的有趣故事。这个账号在抖音平台上传了 1000 多个短视频，持续、稳定地输出视频内容使其圈粉 2000 多万。如右图所示的即为这个账号的主页和短视频界面。

3．占领用户心智

互联网时代的竞争就是占领用户心智的竞争。移动互联网时代，越来越快的网速，人人都拿着手机，人们利用碎片化的时间在移动端阅读信息。作为用户消耗碎片化时间的产品，每个短视频创作者都在调整自己的内容和发布频率，尽力得到用户的认可。只有得到了用户的认可，占领了用户的心智，才能扎根用户的心中，形成一个品牌印象，让用户持续关注你和你的作品。

2.8 做好分工，持续输出优质的短视频

在异常激烈的短视频市场竞争中，想要让自己创作的短视频作品脱颖而出，往往需要做好分工，这样才能保证持续、高效地产出优质的短视频作品。在拍摄和制作短视频时，既需要编导进行统筹导演，也需要摄像师、剪辑师、运营人员等重要成员，这些成员的分工并不是绝对的，比如摄像师有时要负责后期视频的剪辑、发布等。

1. 导演

导演是短视频作品的总负责人，负责人员的组织、工作的协调、短视频作品质量的把控等。短视频导演要思维敏捷，有创新意识，思路开阔，并具备多元的创作风格，熟悉短视频制作流程，有较强的责任心、良好的沟通能力和团队管理能力。

2. 编剧/策划

编剧/策划进行短视频剧本的创作，负责内容的选题与策划、"人设"的打造。编剧/策划要具有较强的策划能力，能够独立撰写脚本大纲，对色彩、构图、镜头语言等比较敏感。有时，编剧/策划也需要参与到视频的拍摄与录制中来，推动拍摄任务的实施。

3. 演员

并不是只有像电视剧那样的长视频才需要演员，很多短视频同样也需要演员，如一些情景短剧类的短视频。演员根据剧本进行表演，包括唱歌、跳舞等才艺表演，根据剧情、"人设"特色进行演绎等。演员需要具备表现人物特点的能力，在某些情况下，团队中的其他成员也可以灵活充当演员的角色。

4. 摄像师

摄像师按照剧本要求完成短视频的拍摄工作。摄像师的水平在一定程度上往往决定着短视频内容的好坏，因为短视频的意境很多都是通过镜头语言来表现的。一名好的摄像师能够通过镜头完成导演规划好的拍摄任务，并给剪辑师提供非常好的原始素材，节约大量的制作成本。一名优秀的摄像师往往具有细致的观察力，能够在不同的拍摄环境下找到最佳的拍摄角度、画面构图和光线效果，本书第3章和第4章会对摄像师需要掌握的短视频技巧进行介绍。

5. 剪辑师

剪辑师是短视频制作后期不可或缺的人员。在短视频拍摄完成后，剪辑师往往要对拍摄的素材进行选择与整合，舍弃不必要的素材，保留精华部分，并借助编辑软件为短视频进行配乐、配音、添加特效等，从而得到一个完整的短视频作品。本书第6章至第10章所讲解的操作技巧就是剪辑师需要掌握的短视频剪辑技巧。拍摄的短视频素材经过剪辑师处理之后，短视频将变得结构严谨、风格鲜明，而且能准确突显出作品的主题。

6. 运营人员

运营人员主要负责短视频账号的日常运营与推广工作，本书第11章将会介绍这方面的内容。短视频的运营和推广主要包含账号信息的维护与更新、短视频的发布、用户互动、数据收集与跟踪、短视频的推广等。

第3章

拍摄技巧
——快速提高拍摄水平

　　用户想要用手机拍好短视频，可以从构图方式、运镜手法，以及光线等多方面考虑，这样可能让拍摄的短视频画面达到预期的效果。一段短视频如果拍得不好，即使后期技术再高，也是无法弥补的。本章将介绍一些短视频的拍摄技巧，快速提高你的拍摄水平，让你拍出与众不同的短视频。

80%

3.1 拍好短视频，器材选择很重要

现在短视频的拍摄还是以手机为主。智能手机是拍摄短视频的入门级设备，也是大多数短视频创作者首选的短视频拍摄设备。拍摄是智能手机自带的基本功能，一般的智能手机都可以进行短视频的拍摄，只是手机型号不同，拍摄短视频的功能，如分辨率、尺寸等会有一定的差别，导致拍摄出来的片子质量也有一定的差别。

以苹果 iPhone 11 和华为 P40 两款智能手机为例，拍摄短视频的智能手机如下右图所示。苹果 iPhone 11 搭载了一颗 1200 万像素超广角摄像头 +1200 万像素广角摄像头；而华为 P40 采用后置徕卡三摄像头系统，主摄像头为 5000 万像素的超感知摄像头，另外两个摄像头分别为 1600 万像素的超广角摄像头和 800 万像素的 3 倍光学变焦摄像头。

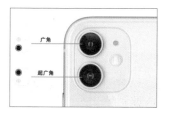
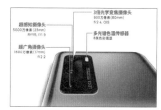

使用智能手机拍摄视频，总的来说，有三个比较突出的优点：一是机身轻便，方便携带；二是操作简单，一学就会；三是直接分享，功能强大。虽然使用智能手机拍摄视频比较简单，但是这里我们还是简单介绍一下手机拍摄短视频的流程。

先以苹果 iPhone 11 为例。进入手机主界面，点击界面中的"相机"图标，如下左图所示，进入相机主界面，向左滑动，点击"视频"标签，点击界面下方的红色圆形图标，就可以开始拍摄短视频，同时红色圆形图标会变为镂空状态，如下右图所示。

拍摄完成后，点击界面中间的图标，即可保存拍摄的短视频。该短视频会自动存储在手机相册中，如右图所示，点击界面左下角的图标，就会进入短视频的查看界面查看拍摄的短视频效果。

拍摄的短视频

安卓系统的手机拍摄视频的方法与 iOS 系统的苹果手机的相似。以华为手机为例，进入手机主界面，点击界面中的"相机"图标，如下左图所示，进入相机主界面，点击其中的"录像"标签，如下中图所示，然后点击界面下方的红色圆形图标，就可以开始拍摄短视频，并同时显示录制的视频时长，如下右图所示。

❶点击"相机"

❷点击"录像"

使用手机拍摄短视频，拍出来的短视频时长可长可短，短视频所占的存储空间会有较大的差异。通常情况下，录制短视频的时间越长，所录制的短视频占用的内存空间也越大。所以，我们在录制短视频时，一定要注意控制录制短视频的时长。另外，短视频质量的好坏也决定了短视频受欢迎的程度，用手机拍摄短视频，用户可以根据自己手机的实际情况适当调整分辨率，以拍摄出更高品质的短视频画面。

3.2　辅助设备，获得稳定的拍摄效果

使用手机拍摄短视频的时候，由于自身的运动，仅仅依靠单手或双手为手机做支撑的话，很难保证视频画面的稳定性。这个时候，我们就可以借助短视频辅助拍摄工具来保持手机的稳定，以便获得清晰的画面效果。比较常用的辅助拍摄工具有手机支架、手机三脚架、手机云台等。

1. 手机支架

手机支架是让手机固定在桌面或者地面上，从而保持手机稳定的工具。使用手机支架拍摄短视频时要注意的是，手机支架之所以能保持手机的稳定是因为它被固定在某个地方，所以手机支架多用于小范围运动的短视频拍摄，如果运动范围较大，超出了手机镜头覆盖的范围，拍摄者依然要将手机支架和手机拿起来拍摄，那样就不能保证手机的稳定性了。

手机支架一般只要十几元到几十元就能买到，这对于想买手机云台而又担心价格太贵的朋友来说，是一个很好的选择。现在市面上的手机支架种类很多，款式也各不相同，如下图所示，大部分都由夹口、内杆和底座构成，能够将手机固定在桌子、茶几等地方。

2. 手机三脚架

提到三脚架，很多人可能就会理解为三脚架是供相机使用的，其实不然，随着短视

频的流行，很多厂商在相机三脚架的基础上新开发出了手机三脚架。手机三脚架简单来说就是用于固定手机的三脚架，其原理和使用方法都与传统相机三脚架的相似。

使用手机拍摄短视频时，除非有特殊需要，否则都不希望短视频画面晃动，所以想要保证短视频画面的稳定，首先就要保证手机的稳定，而将手机固定在手机三脚架上就可以很好地保证拍摄的稳定性，如下图所示。

手机三脚架的使用方法很简单，我们只需要把手机固定在上面，选择一个最好的拍摄角度和位置就可以了，这样拍摄出来的短视频画面也是非常清晰的。与手机支架相比，手机三脚架更好、更专业，并且它还可以自由伸缩，能够满足不同区间高度环境下的短视频拍摄，如下左图所示。当进行延时摄影、流水、流云等运动题材拍摄时，很多短视频拍摄者都使用手机三脚架来保持手机的稳定，如下右图所示。此外，大部分手机三脚架还具备蓝牙和无限遥控功能，在解放拍摄者双手的同时，还能远距离地操控我们的手机，使短视频的拍摄更加便捷。

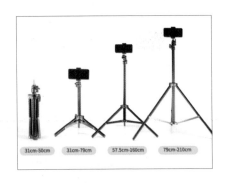

3. 手机云台

手机云台是手机短视频拍摄的"新宠"工具。手机云台是将云台的自动稳定系统应用在手机短视频拍摄上的设备，它能自动根据短视频拍摄者的运动调整手机方向，使手机一直保持在一个平稳的状态，无论短视频拍摄者在拍摄短视频期间如何运动，手机云台都能保证短视频拍摄的稳定。

　　手机云台分为固定云台和电动云台两种。固定云台相比电动云台来说，视野范围和云台本身的活动范围较小，如下左图所示；而电动云台视野范围更大，可以说是十分专业的短视频拍摄辅助器材，如下右图所示。

3.3　对焦设置，决定清晰度的重要因素

　　使用手机拍摄短视频时，想要拍出清晰度较高的短视频画面，除了需要用到前面介绍的一些辅助设备外，画面对焦也是非常重要的。所谓对焦，就是指手机拍摄短视频时调整镜头焦点与被拍摄物之间的距离。对焦决定了短视频主体的清晰度。在拍摄短视频时，如果未进行正确的对焦，那么整个画面就会呈现出一种模糊的状态，而只有进行正确的对焦，画面才会变得清晰。

　　手机拍摄短视频的对焦方式主要分为自动对焦和手动对焦两种方式。手机的自动对焦本质上就是集成在手机ISP（图像信号处理）中的一套数据计算方法，手机会以此自动判断拍摄的主体；而手动对焦则是由拍摄者通过手指触摸点击屏幕某处，完成该处理的对焦，部分手机还可以通过快捷键来实现对焦。

　　这里就以苹果手机为例，为大家讲解如何进行手机的对焦拍摄。首先打开手机中的相机功能，进入拍摄界面后，点击"视频"标签，切换到短视频拍摄方式，可以看到画面中出现黄色的框，这个就是画面的对焦框，如右图所示。默认情况下，相机为自动对焦状态，因此在拍摄过程中，对焦框不会跟随某个固定对象，而会随环境与主体变化而产生位置的改变。

接下来要将自动对焦更改为手动对焦。将镜头对准需要取景拍摄的地方，如下左图所示，然后点击画面中的具体位置，即主体所在位置，如下中图所示，这样就实现了短视频的手动对焦。点击"拍摄"按钮进行拍摄，在拍摄的过程中，也可以手指轻触画面中的任意对象，改变对焦的位置，如下右图所示。

此外，如果我们想要将焦点始终固定在一个位置，从而拍出文艺感十足的失焦短视频效果，就需要用到手机中的"自动曝光/自动对焦锁定"功能。简单来说，锁定后系统会根据你选择的这个点去对焦，去测光，不管你走近还是走远，它都不会改变。对焦很好理解，就是你希望拍摄的主体清晰，那么它会计算好对焦距离并锁定。而测光锁定，举个例子，假如桌子上有一支燃烧的蜡烛，测光点锁定在火焰上，那么画面整体会变暗，但是火焰、灯芯会清晰，而不是一团白光；反之，测光点锁定在蜡烛旁边较暗的物体上，画面整体会提亮，让较暗的物体显现出来。

要开启手机中的"自动曝光/自动对焦锁定"功能，先将镜头对准一个距离较近的物体，如手掌、衣服，然后长按手机屏幕，即要设置的对焦点位置，如下左图所示，在屏幕顶部出现"自动曝光/自动对焦锁定"字样后，即表示此时焦点已被锁定，如下中图所示。锁定对焦后，再将镜头转移拍摄其他对象，可以看到画面中的焦点一直处于锁定位置，如下右图所示。

3.4 精美构图，突显短视频画面最佳美感

很多时候，短视频的拍摄与照片的拍摄比较相似，都需要将画面中的主体放到合适的位置，使画面更具冲击力和美感，这就是构图。成功的构图可以重点突出你的拍摄作品，有条有理，富有美感，让人赏心悦目。

现在，很多手机都带有网格辅助线。当我们使用手机拍摄短视频时，如果遇到构图拿不准的情况，就可以打开手机中的构图辅助线来帮助我们完成短视频的拍摄。这里以苹果手机为例，介绍如何打开手机中的构图辅助线。点击手机桌面上的"设置"标签，进入手机设置界面，点击"相机"图标，向右滑动"网格"按钮，即可开启苹果手机的网格辅助线，如下图所示。

开启手机中的网格辅助线后，就可以借用这个辅助线来拍摄短视频。拍摄短视频时，需要遵循构图的原则，对摄影主体进行合适的构图，下面为大家介绍几种短视频中常用的构图。

1. 黄金分割构图

所谓黄金分割，就是指古希腊的数学家毕达哥拉斯发现的黄金分割定律。毕达哥拉斯认为，任何一条线段上都存在着一点，可以使较长部分与整体的比值等于较短部分与较长部分的比值，即较长 / 全长 = 较短 / 较长，其比值均为 0.618，也就是黄金分割比例。

在短视频拍摄中用到的黄金分割构图，也就是来自毕达哥拉斯著名的黄金分割定律。黄金分割点在短视频构图中表现为对角线上的某条垂直线上的点。我们用线段来表现画面的黄金分割比例，先画一条对角线，然后找到对角线的垂直线，垂直线与对角线交叉的点，即垂足，也就是黄金分割点。将被摄主体放在这些黄金分割点位置，使得被摄主体较突出，而且画面非常富有美感，如右图所示。

在拍摄短视频时，黄金分割构图不仅表现为对角线上的某点，某种特殊情况下也表现为螺旋线。黄金螺旋线是以每个正方形的边长为半径画圆形成的一个具有黄金数字比例美感的螺旋线，而黄金螺旋线的节点即黄金分割点。

拍摄短视频时，将被摄主体放在螺旋线的节点上，例如拍摄人物、动物时，将其头部、眼睛等放在黄金分割点位置，如右图所示的短视频画面。

2. 九宫格构图拍摄自由生动的画面

九宫格构图又叫井字形构图，是黄金分割构图的简化版，也是最常见的构图手法之一。九宫格构图就是将短视频画面当作一个有边框的图形，把上、下、左、右四边都平均分为三等份，然后用直线把这些点连接起来，形成一个"井"字，其中的交叉点叫趣味中心。拍摄短视频时，把主体放在这些"趣味中心"上，就是九宫格构图。

九宫格构图中，将短视频拍摄主体置在偏离画面中心的位置，在优化短视频画面空间的同时，又能很好地突出短视频拍摄主体，如右图所示的短视频画面。另外，使用九宫格构图法拍摄短视频，能够使短视频画面相对均衡，拍摄出来的短视频也比较自然、生动。

3. 中心构图突出主体

中心构图就是将短视频拍摄主体放置在相机或手机画面的中心进行拍摄，这种拍摄短视频的方法能很好地突出短视频拍摄的主体，让人易于发现短视频的重点，从而将目光锁定在这个主体对象上，以了解它想要传达的信息。中心构图拍摄短视频最大的优点就在于主体突出、明确，而且画面容易达到左右平衡的效果，构图简练。

中心构图比较适用于一些微距拍摄的特写镜头。中心构图的操作方法比较简单，对短视频拍摄者技术上的要求不高，即使新手也能轻松上手。需要注意的是，采用中心构图拍摄短视频，要尽量保证背景干净。

4. 三分线构图获得更紧凑的画面

三分线构图，顾名思义就是将短视频画面从横向或纵向分为三部分，在拍摄短视频时，将拍摄的对象或焦点放在三分线的某一个位置上进行构图取景，让对象更加突出，画面更加美观。三分线构图属于比较经典又十分简单易学的构图方式，很多短视频在拍摄时都会采用三分线构图。

采用三分线构图方式拍摄的短视频最大的优点就是将短视频拍摄主体放在偏离画面中心 1/6 处，使画面不至于太枯燥和呆板，还能突出短视频拍摄的主题，画面显示紧凑有力。三分线构图多用于风景、建筑的拍摄，可以细分为上三分线构图、下三分线构图、左三分线构图、右三分线构图、横向三分线构图、竖向三分线构图、综合三分线构图等 7 种。在拍摄短视频的时候，我们可根据拍摄对象选择合适的一种即可，如下图所示的分别就是采用上三分线构图和右三分线构图拍摄到的画面。

5．框架式构图

框架式构图是将画面重点利用框架框起来的一种构图方法，作用是引导观众注意框内景象，产生跨过门框即进入画面的感受。在短视频中运用框架式构图能够使人产生一种窥视感，从而吸引观众。在拍摄时，可以作为框架的元素有很多，如门框、窗框、树木花草等形成的框架，如下图所示的即为采用的框架式构图拍摄的画面效果。

3.5 选对景别，提高画面的表达能力

景别是指被摄主体和画面形象在屏幕框架结构中所呈现出的大小和范围，它是画面的重要造型元素之一。从大的角度来说，景别分为远景、全景、中景、近景和特写等。不同的景别能容纳进去的元素和信息量是不同的，自然而然呈现出来的画面效果也是不同的，如下图所示的分别展示了拍摄人物和景物时不同景别下所纳入对象的多少。在拍摄视频的时候，我们需要根据表现的主题进行判断和取舍，从而选择更适合自己作品的景别进行拍摄，以增加画面的表达能力。

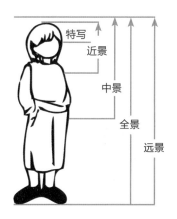
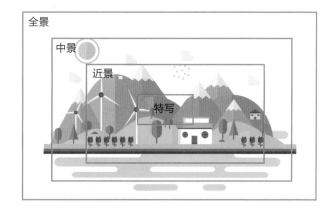

1. 远景展现开阔的视野

远景是视距最远、表现空间范围最大的一种景别。远景视野深远、宽阔，主要表现地理环境、自然风貌和开阔的场景与场面。如果以成年人为尺度，人物在画面中所占的面积较小，基本上呈现为点状。

远景画面可以细分为大远景和远景等两类。大远景适用于表现辽阔、深远的背景和渺茫宏大的自然景观，像莽莽的群山、浩瀚的海洋、无垠的草原等，如下左图所示的视频画面。远景则一般表现较开阔的场景和环境空间，如群众集会、田园风光等，画面中的人体隐约可辨但难区分外部特征，如下右图所示的短视频画面。

大远景和远景的画面构图一般不用前景，拍摄时，要注意采用多种手段来表现空间深度和立体效果。比如尽量不用顺光，而选择侧光或侧逆光以形成画面层次，并注意画面远处的景物线条透视和影调明暗，避免画面单调乏味。

2．全景突出被摄对象的全貌

全景是指人物全身恰好都在画面里的景别。全景往往是一个场面中的总角度，制约着该场面镜头切换中的光线、影调、人物运动及位置，常用于表现人物之间、人与环境之间的关系。

全景与远景相似，比远景视距小些，主体全部出现在画面中。主题表现更明确，能更直观地表现主体人物、人物与环境之间的关系。背景画面配体对主要表达的内容影响较小，在表现情节的短视频中用得更多，能让观看者看到比较完整的事物或场景，如右图所示的这个画面。

全景画面还具有某种"定位"的作用，即确定被摄人物或物体在实际空间中方位的作用，如右图所示。例如，在一组人物的近景之前或之后，加入一个所有人物均在画面中的全景镜头，将会使他们之间的空间关系（具体方位）一目了然。全景画面是集纳构图造型元素最多

的景别，因此拍摄时应注意各元素之间的调配关系，以防喧宾夺主。

3．中景重视

中景俗称"七分像"，是指摄取人物小腿以上部分的镜头，或用来拍摄与此相当的场景镜头，是表演性场面常用的景别。

中景视距比近景视距稍远，能为演员提供较大的活动空间，不仅能使观众看清人物的表情，而且有利于显示人物的形体动作，所以它在剧情类短视频的拍摄中用得比较多。由于取景范围较宽，可在同一画面中拍摄几个人物及其活动，因此有利于交代人与人之间的关系，如右图所示的短视频画面。

中景画面削弱了外部轮廓线的表现因素，加强和突出了物体内部结构线的表现因素。比如表现一棵参天大树，当画面以全景推向中景，树木的外形逐渐被"排挤"出画外，树木内部苍劲挺秀的枝干则逐渐成为富有力度和变化的结构主线。如右图所示的这个画面就是采用中景拍摄的效果。

4．近景

镜头拍到人物胸部以上，或物体的局部即为近景。近景是表现人物面部神态和情绪、刻画人物性格的主要景别。与中景相比，近景画面表现的空间范围进一步缩小，画面内容更单一，环境和背景的作用进一步降低，吸引观众注意力的是画面中占主导地位的人物形象或被摄主体。近景常被用来细致地表现人物的面部神态和情绪，因此，近景是将人物或被摄主体推向观众眼前的一种景别。

在短视频拍摄中，近景由于主体占画面的面积较大，所以比较适合快速表达内容。近景这种景别更能适应短视频内容的传播，在对场景要求不高的内容中使用得较多。拍摄近景画面时，要充分注意画面中细节的质量，保证形象的真实性、生动性，如右图所示的短视频画面。

5．特写

特写用于拍摄人体或事物的某一局部。特写画面内容单一，可起到放大形象、强化内容、突出细节等作用，会给观众带来一种预期和探索用意的效果。

特写画面通过描绘事物最有价值的细部，排除一切多余形象，从而强化了观看者对所表现形象的认识。如右图所示的这个画面就是一对情侣的脚部特写，这个画面能使人感受到一种甜蜜的氛围。特写画面在表现人物面部时，能够揭示出人物复杂多样的心灵世界，通过面部表情和眼神变化可以反映出人物的思想活动等。

在拍摄特写画面时，构图力求饱满，对形象的处理宁可大一点而不要不足，空间范围宁可小一点而不要空旷，使特写成为剔除一切多余形象的"特别写照"。当拍摄一些空间复杂的景物或场面时，不宜使用特写镜头，因为特写拍摄很容易使观众对所处环境茫然不知，出现空间混乱感。

3.6 炫酷运镜，让你的镜头充满活力

运镜，顾名思义就是通过运动摄像的方法来拍摄动态的景象。使用稳定器来灵活地运镜，不但可以达到平滑流畅的效果，更能够为影片注入气氛和情绪，让镜头充满活力。想要拍出有吸引力、有张力的短视频，运镜是最基本的技巧之一。下面给大家介绍几种常规短视频的运镜手法，让你的短视频有一种秒变大片的感觉。

1．推镜头突出主体

推镜头是一个从远到近的构图变化，在被拍对象位置不变的情况下，手机向前缓缓移动或急速推进的镜头。使用推镜头，取景范围由大变小，画面里的次要部分逐渐被推移画面之外，主体部分或局部细节逐渐放大，占满银幕。

推镜头在景别上也由远景变为全景、中景、近景甚至特写，此种镜头的主要作用是突出主体，使观众的视觉注意力相对集中，视觉感受加强，造成一种审视的状态。符合人们在实际生活中由远而近、从整体到局部、由全貌到细节观察事物的视觉心理。

2．拉镜头交代环境

与推镜头的运动方向相反，拉镜头摄影由近而远向后移动离开被摄对象，取景范围由小变大，被拍对象由大变小，与观众的距离也逐步加大。画面的形象由少变多，由局部变化为整体。在景别上，由特写或近景、中景拉成全景、远景。拉镜头一般用于交代人物所处的环境。

3．摇镜头给人身临其境的感觉

摇镜头，相机不进行移动，借助于活动底盘使摄影镜头上下、左右，甚至周围旋转拍摄，犹如人的目光顺着一定的方向对被拍对象巡视。摇镜头能代表人物的眼睛，看待周围的一切。它在描述空间、介绍环境方面有独到的作用。

摇镜头分为左右摇和上下摇，如下图所示。一般左右摇常用来介绍大场面，而上下摇则常用来展示物体雄伟、高大的形象。摇镜头在逐一展示、逐渐扩展景物时，能使观众产生身临其境的感觉。练习摇镜头时，设备的移动速度一定要均匀，起幅先停顿片刻，然后逐渐加速、匀速、减速、停滞，最后的落幅要缓慢。

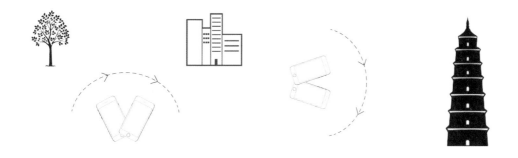

4．移镜头打破画面的局限

移镜头，是指相机沿着水平方向作左右横移拍摄的镜头，类似生活中的人们边走边看的状态。移镜头同摇镜头一样，能扩大银幕二维空间映像能力，但因手机位置不是固定不变的，所以比摇镜头有更大的自由，能打破画面的局限，扩大空间。移动拍摄的效果是最灵活的，但弊端是相机抖动不好控制，这时就要使用我们前面讲过的手机云台来辅助拍摄，以保证拍摄画面的稳定性。

5．跟镜头让画面更有穿越感

跟镜头是移动相机的一种变换用法，跟随被拍对象保持等距离运动的移动镜头。跟镜头始终跟随着运动的主体，有特别强的穿越空间的感觉，适用于连续表现人物的动作、表情或细部变化的拍摄。

6. 甩镜头增加画面爆发力

甩镜头是快速移动拍摄设备，从一个静止画面快速甩到另一个静止画面，中间影像模糊，变成光流，常用来表现人物视线的快速移动或某种特殊的视觉效果，使画面有一种突然性和爆发力。

7. 升、降镜头实现多角度展示

升、降镜头是指手机上、下运动拍摄的画面，是一种从多视点表现场景的方法，其变化的技巧有垂直方向、斜向升降和不规则升降等。在拍摄过程中，不断改变手机镜头的高度，能带给观众丰富的视觉感受。升降镜头如果在速度和节奏上运用得当，可以创造性地表达一个情节的情调，常用于展示事件的发展规律或场景中上下运动的主体对象的主观情绪。

很多看似复杂的运动镜头，其实大部分都是由以上几种基础的运动镜头组合而来的。镜头只是一种讲故事的方法，没有绝对的对与错，在拍摄短视频的时候，我们要敢于打破常规，多尝试，找到适合你的作品内容的角度和运镜方式，让拍摄的短视频更加出色。

3.7 光线运用，保证细腻的画质

任何事物的拍摄都离不开光线，自然，手机短视频的拍摄也离不开光线。在不同的光线下，短视频画面会呈现出不同的效果，合理利用光线不但可以保证得到清晰细腻的画质，还能让我们拍摄的短视频更加出彩。短视频拍摄中用到的光线很多，如顺光、逆光、侧光和顶光这四大类光线是短视频拍摄中比较常见的光线。

1. 顺光展现主体细节和色彩

顺光指的是被拍摄主体正面照射过来的光线，这是拍摄短视频时最常用的光线。采用顺光拍摄短视频，能够让拍摄主体呈现出自身的细节和色彩，从而进行更细腻的表现。因为顺光影调柔和、均匀，在拍摄短视频时，顺光的前景与背景亮度一致，使得在顺光下拍摄时，更容易准确曝光。

如右图所示的短视频画面中，被拍摄对象与光

照的方向相同，因此小狗受到的光照非常均匀，画面中几乎没有死黑的阴影，可以呈现出十分明亮的画面效果。

2. 侧光突出立体感和空间感

侧光是指光源的照射方向与手机短视频拍摄方向呈夹角状态的光，即光源是从拍摄主体的左侧或右侧直射来的，因此被摄主体受光源照射的一面非常明亮，而另一面则比较阴暗，画面的明暗层次感非常分明。侧光容易使画面形成强烈的对比，因此有利于表现被摄主体的立体感和空间感，比较多用于风景类的短视频拍摄。

右图所示的短视频画面即可看到是采用侧光拍摄的，画面中的景物明暗反差非常明显，画面层次丰富，近处的房子与远处的群山组合，还给人一种非常宽广、辽阔的感受。

3. 逆光实现剪影效果

逆光是指被摄主体后方照过来的光线，是一种具有艺术魅力和较强表现力的光线。逆光拍摄容易导致被摄主体曝光不足，但是却可营造剪影的特殊效果，因此也是一种极佳的艺术摄影技法。逆光构图拍摄，可以增强被摄主体的质感，还可以增强画面的整体氛围和艺术感染力。

如右图所示的这个画面利用了日落的逆光进行拍摄，将每棵树的轮廓线条清楚地展现在观众眼前，在冷暖渐变的天空的衬托下，剪影效果的树木更是充满奇幻色彩与艺术美感。

4. 顶光实现剪影效果

顶光，顾名思义是被摄主体上方直接照射过来的光线，常出现在炎炎夏日的正午。顶光和被摄主体位于同一直线上，阴影位于被摄主体下方，且占用的画面面积较小，几乎不会影响被摄主体的色彩和形状的展现。顶光光线很亮，能够展现出被摄主体的细节，使被摄主体更加明亮。需要注意的是，顶光不适宜拍摄人物，因为采用顶光拍摄时，人物的头顶、额头、鼻头都会显得很亮，但是鼻子下方则会完全处于阴影中。

下图所示的画面是在顶光下拍摄所呈现出的上亮下暗的效果，画面中的荷花具有很强的通透感，其细节、纹理和色彩都能更好地展现出来，同时红色的花瓣与绿色的荷叶背景形成了鲜明的反差，更好地突出了主体形象。

第4章

创意拍摄
——拍出更出彩的短视频

在拍摄短视频的时候，要掌握一定的拍摄技巧。本章将从专业的拍摄技法来分析，针对不同的环境给出不同的拍摄手法，帮助大家从拍摄角度、广度、不同光线的运用等方面，了解如何拍出精彩的短视频作品。

80%

4.1 旋转镜头，拍出更诱人的食物

美食类视频一直都是短视频平台上比较热门的一个类型，这些短视频或是向观众展示美食成品，或是介绍各种美食的制作方法，虽然展示内容有一定的区别，但是都要展示出美食的"美"，让观众隔着屏幕都能感受到美食的召唤，产生垂涎欲滴的感觉。

如何拍出精美的美食短视频呢？想要拍摄出让人食欲大增的美食短视频，那么拍摄的时候需要掌握一定的运镜技巧，例如，拍摄美食成品展示时，大多数情况下会采用镜头旋转的方式来拍摄。通过镜头的旋转，可以从不同的角度呈现出食物的状态，下图所示的就是短视频的画面。

下面以苹果手机为例，教大家如何通过旋转运镜拍摄展示美食成品的短视频。首先打开手机中的"相机"，在"相机"页面向左滑动选择"慢动作"拍摄模式，然后将手机镜头靠近食物，按照顺时针或逆时针旋转平移拍摄即可，如下图所示。

旋转拍摄时，如果你怕手不稳，那么还有一个小技巧，就是将你的手机竖直放在桌面上，然后以其中一个角为支撑点，竖屏翻转镜头，这样可以拍出旋转效果，如右图所示。如果想要手机镜头更靠近食物，则可以将手机倒置进行拍摄。

4.2 下雨天，拍出不一样的雨滴

下雨天使用手机拍摄短视频时，地面的景物由于得不到阳光的直射，亮度会比较低，而天空的亮度又比较高，造成天地之间的明暗反差非常大。所以，我们尽量不要把天空放在画面中，而应将地面的景色作为拍摄对象。

雨滴是很好的拍摄素材，拍摄雨滴需要近距离拍摄，才能突显雨滴的通透感。所以我们在拍摄雨滴时，一定要找一个尽可能低的角度，右图所示即为低角度拍摄的雨滴短视频画面。

接下来介绍雨滴的拍摄过程。首先在手机中设置慢动作拍摄模式。以苹果手机为例，支持1080p HD,120 fps和1080p HD,240 fps两种慢动作拍摄模式。点击手机中的"设置"选项，然后点击"相机"图标，在"录制慢动作视频"下就可以选择慢动作视频录制的模式，默认为1080p HD,240 fps拍摄模式，如下图所示。

打开手机中的"相机"界面，然后选择"慢动作"标签，点击中间的红色按钮进行拍摄，这样就可以拍摄出非常漂亮的雨滴和涟漪的画面效果，如右图所示。录制好慢动作视频，还可以点开并编辑，调整慢动作效果的起点。

4.3 翻转镜头，拍出更好看的跑步短视频

人们最熟悉的运动方式是什么呢？跑步就是其中一种，每天都会有人在朋友圈分享自己跑步的短视频。在这些短视频中，一些经过设计拍摄出来的短视频，往往能给人眼前一亮的感觉，如下图所示。

想要将普通的跑步场景拍出更好的效果，可以借助手机的慢动作拍摄功能来拍摄，具体操作方法是，打开手机中的"相机"界面，点击"慢动作"标签，切换到"慢动作"拍摄模式，然后翻转手机，使其后置镜头朝下，用手机支架或迷你三脚架等设备固定手机进行拍摄，如果没有这些设备，也可以就地取材，用木棍或矿泉水瓶支撑手机，如右图所示。为了让拍摄出来的画面更有意境感，拍摄前可以先在手机镜头前撒上一些树叶或花瓣等。

❶翻转手机

❷用木棍支撑手机

　　点击屏幕下方红色的"拍摄"按钮，拍摄人物从手机上跨过奔向远方的短视频画面，如下图所示。在拍摄这类跑步短视频时，为了呈现出更完整的画面效果，可以采用分段拍摄的方式分别拍人物跑过来和跨过手机跑过去的效果，这样在后期剪辑的时候，只要简单几步就能得到非常不错的视频。

4.4 仰角拍摄，展现秋天唯美的落叶

秋天，送来了翩翩起舞的树叶，让我们能感受到金色落叶的美感。很多用户想要将这样的美景拍摄下来，下面给大家介绍一个拍摄落叶的小技巧，让你也能拍出很美的落叶。

要想拍出好看的落叶，一般采用仰角拍摄。打开手机中的"相机"界面，点击"慢动作"标签，切换到"慢动作"拍摄模式，点击屏幕下方红色的"拍摄"按钮，将手机背面向上放在地上，使手机后置摄像头对着天空，然后捡起地上的落叶，将树叶抛向天空，如下图所示。

有时为了让短视频内容更加丰富，拍摄完落叶以后，还会拍摄一下大树。拍摄大树的时候，同样也可以选择仰角拍摄，将手机镜头朝上，手机垂直于树干，然后围绕树干转动，如下图所示，这样就可拍摄到非常漂亮、通透的大树效果。

4.5 拍摄流动的云,带你去看晴空万里

人对云的变化很敏感,所以很多人都喜欢拍云的各种状态,尤其是在延时摄影中,云的运动变化最能出效果。拍摄流云最佳的时机一般在雨后,因为这时的天空较为干净,并且云雾的流动速度也比较快。右图所示就是雨后拍摄的流云效果短视频画面。

想要拍出好看的流云短片,除了要选择在雨后拍摄外,还要选择一个合

适的拍摄地点。一般情况下,流云的拍摄需要选择视野比较开阔的地方,如果是在户外拍摄,可以选择地势比较高的地点,比如高山上,拍摄的视角选择高处向下的角度,这样,取景时近处和地面就不会有多余的物体遮挡,有利于主要内容的表现;如果在城市中拍摄,可以选择一座比较高的楼,有同样效果,层次也比较丰富。

下面介绍如何用手机拍摄流动的云。打开手机中的"相机"界面,点击"更多"标签,

点击"延时摄影"按钮，点击"手动"按钮，将速率调整为 60X，录制时间设为 10 分钟，用三脚架固定好手机，即可点击"录制"按钮进行流云的拍摄，如下图所示。

4.6 延时摄影，拍摄不一样的夜景车流

城市的夜晚灯光璀璨，车灯成为光流，时尚感十足，若想把这夜景通过短视频记录下来，则需要用到手机中的"延时摄影"功能，下图所示的短视频画面就是用"延时摄影"功能拍摄的夜晚车流效果。延时摄影可将长时间录制的影像转换为短视频，快速展现景物变化的过程。延时摄影的场景选择十分重要，在拍摄车流时，一般需要选择一个能观看到车流比较多的地方，如天桥上或高楼上。

虽然夜景车流短视频也是很多短视频创作者想要尝试的拍摄题材之一，那么如何进行拍摄呢？接下来介绍如何拍摄不一样的夜景车流。以华为手机为例，点击手机中的"相机"图标，点击"更多"标签，点击"延时摄影"按钮，然后将速率设为30X，即原时间与合成后的时间速度比，时间设为10分钟，固定好手机，点击界面中的红色"拍摄"按钮进行拍摄，如下图所示。

需要注意的是，拍摄夜景车流前，非常重要的一点就是固定好手机，一般需要拍摄者提前准备好固定手机的器材，推荐使用手机三脚架。另外，在拍摄时，最好将手机调成"飞行"模式，因为录制时间比较长，若中途来电话，就前功尽弃了。

4.7　流光快门，拍摄夜景光轨大片

灯光轨迹是夜景拍摄很重要的组成部分，光轨侧面表达了时间的快速流逝。想要用手机拍摄出彩的光轨效果是有一定难度的。手机设置拍摄光轨大片前，大家需要了解光轨拍摄的基础原理。一般情况下，手机在夜晚正常拍摄时，相机系统会尽力捕捉到一张清晰的画面，而光轨的拍摄却需要得到一张模糊的画面，具体操作模式是，在"专业"模式下将快门时间调到2秒、4秒甚至更长，快门时间调长以后，就会面临两个问题：一个问题是长时间拍摄的不稳定造成画面模糊，这个问题可以通过手机三脚架或手机支架解决；另外一个问题则是长时间曝光造型画面过度，也就是画面太亮没有细节，这个问题需要通过降低感光度来解决。如下图所示就是用手机拍摄的光轨效果的短视频画面。

1. 使用手机内置光轨功能拍摄

了解光轨拍摄原理后，接下来就可以用手机来拍摄光轨大片。为了方便用户操作，一些品牌手机内置了光轨拍摄功能，比如华为手机。华为手机中的"流光快门"模式下的"光绘涂鸦"功能就是帮助拍摄光轨大片的神器。

在拍摄光轨时，只需要打开华为手机中的"相机"界面，点击"更多"标签，在展开的界面中点击"流光快门"按钮，再点击"光绘涂鸦"按钮，然后选择一个拍摄位置，比如天桥上，并用三脚架固定好手机，点击屏幕中的"拍摄"按钮即可，如下图所示。

2.通过手机设置拍摄光轨

如果你的手机中没有内置光轨功能，也不要担心，可以通过手机中的"设置"功能来完成拍摄。这里我们用小米手机来介绍如何拍摄光轨。

打开"相机"界面，选择"专业"拍摄模式，先关闭"自动对焦"功能，在"手动对焦"模式下把F（焦距）调到最远，这样无论画面中的汽车如何移动，对焦点都是固定的，再将S（快门时间）设置为4秒，最后把ISO（感光度）调到最小，即将滑块移到最左边，如下图所示。如果设置后的画面还是太亮，这时可以在镜头前放一个减光镜片或太阳镜来降低画面亮度，点击下方的"拍摄"按钮，等待几秒即可得到漂亮的光轨大片了，如下图所示。

4.8　广角镜头，拍出浩瀚的星空

浩瀚的星空总是令人神往的。使用手机拍摄星空，可以说是手机摄影难度最高的一种，但是，随着智能手机功能的不断更新，现在只需要一部小小的手机也能轻松拍出璀璨的星空效果，下图所示的就是用手机拍摄的星空效果的短视频画面。想要拍出不错的星空效果，需要选对拍摄时机、拍摄位置，以及手机拍摄参数的设置。

星空延时摄影，首先要有星星的夜晚才能拍摄，这与拍摄星空照片一样。一般需要算好时间，农历二十到次月初十是比较适合拍摄星空的，这个时间段，月亮在夜晚出现的时间很少，适合星空延时摄影，因为有月亮的时候，月光很强，会让星星变得很暗。同时，还需要看好天气，只有在云少的夜晚才能拍到星星。

另外，还需要通过软件查找出银河出现的位置和时间，比较推荐使用 Planit 这个应用程序，因为它可以看到银河升起的时间点和角度，方便你选择拍摄的时间段，如右图所示。

星空拍摄时，拍摄位置也很有讲究。一般需要在野外无城市灯光影响的地方，在城市里基本上拍摄不到星空，这是因为灯光太多，很容易出现曝光过度的情况。拍摄时建议选择在城市郊区的乡村、山里，只有在远离城市灯光的地方，才能拍摄到更多的星星。

手机拍摄星空延时没有支持的软件，需要依靠手机自带的"延时摄影"模式拍摄，且要有手动模式才可以。例如，华为 P40 Pro 的"延时摄影"模式中，用户就可以调出手动模式，并能调整间隔时间和拍摄参数。

下图所示的就是华为手机自带的"延时摄影"模式，为了拍摄更辽阔的星空画面，把焦距改为广角镜头，然后再调整间隔时间，也叫速率。一般情况下，速率在60X～90X 时适合拍摄流云，速率在 120X～150X 时适合拍摄日出日落，速率在600X～900X 时适合拍摄斗转星移，速率在 1800X 时适合拍摄花开花谢。这里是拍摄星空，因此点击"速率"图标，将速率调整至 30 秒（900X）的间隔时间。

 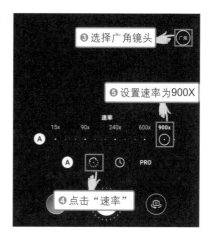

接下来还需要调整拍摄的参数，主要调整 ISO、快门速度、对焦模式。点击"PRO"图标，调整拍摄参数，ISO 建议设为 1600 ～ 3200，快门速度可以根据画面曝光情况调整为 15 ～ 25 秒，如下左图所示。再将对焦模式调整为"MF"模式，并将对焦栏滑动到最右边，如下右图所示。调整好参数后，将手机放到三脚架上就可以开始拍摄了。要想拍摄出好的效果，至少需要拍摄 1 个小时左右。

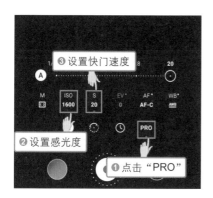 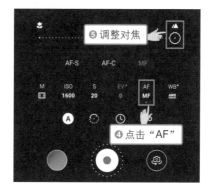

星空延时摄影对手机的功能有一定的要求，手机的"延时摄影"模式需要支持手动模式，能够调出拍摄的参数，同时，还要支持调整间隔时间，才能拍出星空延时摄影的效果。目前能够拍摄星空延时摄影的手机主要有努比亚手机、华为 mate 30 和 P40 系列、荣耀 V30 和 30 系列、vivo 新款手机和小米新款手机。

4.9　抖音相机，轻松拍摄天空之镜

相信很多朋友在刷抖音的时候，经常会看到一些漂亮的旅拍短视频，比如在被称为"天空之境"的青海茶卡盐湖拍摄的短视频，云朵和山川等倒映在洁白的盐湖中，构成一道美丽的画卷，如下图所示。

你是否也想要拍摄一个这样效果的短视频呢？其实非常简单。现在抖音的"道具"中提供了这样的特效，我们也能拍出同款天空之镜的效果。首先打开"抖音"界面，点击界面下方的"+"按钮，进入视频录制页面，将速度设置为"慢"模式，点击屏幕左下角的"道具"按钮。

选择"新奇"标签，点击下方的"倒影特效"图标，如下左图所示。在拍摄时，需要把水平倒影调至与地平线平行，最好让画面上只有蓝天、白云和倒影，最后点击"抖音"相机中的"录像"模式，点击屏幕下方的"录制视频"图标，就可以得到一段类似天空之镜的短视频效果，如下右图所示。

如果不是自拍，拍摄者最好躺在地上，从低角度进行拍摄，这样，即使身高并不算高的人，或者腿并不是很长的人也可以在画面中呈现出高个儿、长腿的效果。

除了使用"抖音"的"道具"功能拍摄天空之镜外，还可以使用手机中自带的相机，并借助道具玻璃来拍摄这样的效果。拍摄之前，准备一块方形的玻璃和拍摄短视频的云台，并将玻璃架在云台上面。我们在拍摄的时候，首先打开手机中自带的"相机"界面，然后翻转手机使手机镜头朝下，并使镜头贴近镜面边缘，就可以进行拍摄了，如下图所示。

4.10　分镜拍摄，巧妙地转换镜头场景

简单来说，分镜头拍摄就是将一个短视频采用多次拍摄的方式完工。如果使用"一镜到底"的手法拍摄短视频，这无论是对拍摄者还是短视频中的模特等，都是一个很大的考验，中间一旦出错，就要从头再来。将一个短视频内容分为多段拍摄，然后将其分段剪辑，合成一个完整的短视频，就可以很好地避免这个问题。

采用分镜头拍摄短视频时，如果手机中自带分段拍摄功能，则可以先设置分段数，再进行拍摄；如果手机中没有自带分段拍摄功能，则可能需要借用其他软件来拍摄。

在各视频平台中，抖音是支持短视频分段拍摄的。分段拍摄是抖音最大的特点，用户可以先在某个场景拍摄一段短视频画面，然后点击"暂停"按钮，接着到下一个场景再继续拍摄一段短视频画面，重复这个操作，可以分段拍摄多个场景下的画面。在拍摄时，用户只需将这些场景的过渡转场效果做好，就可以得到酷炫的短视频效果。例如，抖音上比较热门的"一秒换装"短视频，很多就是采用这种方式实现的。

打开抖音主界面，点击界面下方的"+"按钮，进入短视频录制界面，"抖音"中的用户可以分别选择录制 60 秒或 15 秒以内的短视频，如下图所示。

这里以默认录制 15 秒为例，分镜头录制两段短视频，点击界面下方的红色"录制"按钮，如下左图所示，开始录制第一段短视频。在录制的过程中，"录制"按钮会不停地闪烁，提示用户正在录制视频，同时，界面上方的进度条会显示视频录制的进度，如下右图所示。录制完一段短视频后，再次点击"录制"按钮，就可以停止录制视频。

接下来切换场景，准备录制第二段短视频。录制第二段短视频的方法与录制第一段短视频的方法相同，也是点击下方的红色"录制"按钮进行录制，并在界面上方查看录制进度，如下图所示。在录制的过程中，如果点击界面下方的"录制"按钮，则会停止录制，如果点击"删除" × 按钮，则可以删除录制好的短视频。

当录制短视频的时长达到 15 秒以后，就会自动跳转到短视频上传界面，如下左图所示。在此界面中，我们可以为短视频添加音乐、设置播放速度、贴纸等。如下中图所示，点击"贴纸"按钮，在弹出的窗口选择一种贴纸，在拍摄好的分段短视频中加入贴纸，如下右图所示。此时再点击界面右下角的"下一步"按钮，就可以上传拍摄并编辑好的短视频。

第5章

标题+封面

——轻松打造爆款短视频

　　标题和封面会给我们短视频的初始印象，用户是否会点开一个短视频，标题和封面起了非常重要的作用。好的标题和封面设计能辅助短视频内容的传播，而不好的标题和封面设计则很有可能废掉一个优秀的短视频。

80%

5.1 五大设置，拟定吸眼球的标题

短视频标题一般出现在短视频的下方，它的第一阅读者是机器，短视频平台会根据你的标题文案将短视频分发、推荐给不同的用户。好的标题是吸引用户点击短视频的重要因素之一。接下来介绍短视频标题设置的几大技巧。

1. 巧妙借助"数字"的力量

数字本身就具有强大的力量。用户在界面浏览内容，停留在标题上的时间不会超过两秒。那么如何让用户在短时间内可以一眼就看到你的标题呢？这就需要短视频标题既要简洁明了，又要直观，而数字就有这样的特性。

如右图所示的两个短视频，分别使用了"教你轻松拍出文艺清新小短片"和"5个步骤，教你轻松帮小姐姐拍出文艺清新小短片"作为短视频的标题。单看标题，明显后者对目标用户更有吸引力，因为标题中用数字明确告诉了用户只需要"5个步骤"就可以拍出清新小短片。无论是从效果预期还是从内容引导上，添加数字都可以为用户提供更多的有效信息，提高短视频的点击率。

在标题中巧妙地利用数字，将标题中所有能用数字表达的文字都替换成阿拉伯数字，更能提高用户的视觉敏感度。需要注意的是，阿拉伯数字的"1、2、3"直观程度要高于文字式的"一、二、三"。

2. 提出疑问，引起用户好奇

一个好的标题，一个能吸引用户注意的标题会为内容增加更多的点击率。那什么样的标题才是好标题呢？什么样的标题才能吸引用户的注意呢？在标题中提出疑问，就是一种比较好的方式。提出疑问主要就是利用人性的特点，让用户产生好奇心。当用户心中产生疑问时，就会有想要一探究竟的欲望，这样也能够增加短视频的点击率。一般来讲，疑问式标题的短视频播放量都不会太低。

如右图所示的这个标题"假如你有足够的钱，你最想做什么？"，大部分用户在看到这个标题时，脑海里

就会蹦出"如果有钱了我会做什么？买房？买车？周游世界？短视频中的人有钱了要做什么？"等类似的疑问。带着好奇心和内心的疑惑，用户自然而然就会点开短视频。提出问题虽然可以起到吸引用户注意力的作用，但是，并不是所有的短视频标题都适合采取提问题的方式，这要根据你的短视频内容来确定。

3．利用用户痛点

一般来说，用户在生活和工作中碰到的难题都是痛点，问题有多严重，痛点就有多深刻。用户痛点也是短视频创作的前提，只有了解了用户的痛点，找到了用户的痛点，才能更容易从用户的角度出发制作出用户有需求的短视频。在取短视频标题的时候，要学会换位思考，多考虑用户思维，直击用户痛点，让用户更容易身临其境，这样自然而然就更容易吸引用户点击了。

如右图所示的这个标题"想要从每月 3000 到月入过万你就要学会这件事！"，这个标题成功地抓住了用户的痛点。谁也不会跟钱过不去的吧。也许你正在做着月薪 3000 元的工作，而现在有视频教你从月薪 3000 元变为月薪上万元，你是看还是不看呢？也许短视频中的内容可能只是一篇鸡汤文，但是我想大多数人还是会选择点进去看看的。

4．添加流量大的关键词

短视频平台会运用算法原则，根据短视频的标题关键词进行提取、分类和推荐，再根据短视频的用户点击率、评论数量和用户浏览量来决定将短视频是推荐给用户还是直接过滤掉，因此短视频的关键词非常重要。标题关键词可以选择一些热门的词语，也就是我们常说的蹭热度。这类词语一般都带有高流量，用户搜索或选择的概率会更高。即使短视频的内容和这些关键词一点都不沾边，也可以和关键词"套近乎"。

例如，关键词"毕业"。毕业是人生的一个重要节点，它既是终点也是起点，对很多用户来说毕业具有非凡的意义，从感性层面上的感动、不舍和追忆，都会让很多用户点击观看这个短视频。我们发现在短视频平台上，在毕业季特别是毕业这段时间，添加了"毕业"这个关键词的短视频的点赞量相对较高，如右图所示的这两个短视频画面。

5．第二人称，增加代入感

有代入感的标题能拉近和用户之间的距离，而让用户产生代入感的最简单的方法就是加入人称"你"。虽然我们的短视频是给所有用户看的，但是当我们用了"你"这个字之后，所有看到这个标题的用户会产生这个短视频是为我"量身定做"的错觉，这种情况下他们更愿意去看你的短视频。

例如，"你应该知道的×××""×××对你有用"等这样的标题就很有代入感，减少了你与用户的距离感。如右图所示的短视频标题就是使用的第二人称设置。

5.2 四个要点，助你轻松搞定短视频封面

短视频有一个经常会被大家忽略的重要因素，就是短视频的封面。好的短视频封面可以帮助我们的作品获得更高的关注度。短视频封面是指短视频第一秒出现的画面，一般起着短视频预告、补充标题的作用，可以传达文字无法描绘的画面感。什么样的封面可以迅速吸引读者呢？大家可以注意以下几点。

1．封面文字与标题不重复

制作短视频封面时，如果封面上想带有文字，那么封面上的文字一定不要与短视频的内容重复。这是因为用户在选择是否点击短视频时，可供用户参考的信息就只有封面和标题，此时，如果封面文字和标题重复，无异于白白浪费了一个展示位。需要注意的是，封面和标题一定要相辅相成，必须具有相关性，这样才能达到1+1＞2的效果。

如右一图所示的短视频封面，文字和标题文字使用了不同的内容，向用户展示了更多的信息；如右二图所示的短视频封面，封面中的文字与标题文字基本类似，对用户来说，可以了解的内容相对较少。

2．醒目的封面文字

对封面来说，醒目的文字往往能一下子抓住用户的眼球，尤其是在封面并不能全屏显示时，这就需要字体足够大，才能让人一下抓住要点，所以封面的文字一定要大，建议字号最好不低于24号。

如右一图所示的短视频封面，封面中的文字采用了较大的字号进行设计，并使用颜色反差较大的图形加以修饰，使文字更为醒目；如右二图所示的短视频封面，封面中的文字字号设置就太小，用户很有可能都看不到这些文字，更不用说抓要点了。

另外，由于用户的注意力是有限的，所以在制作封面的时候，要学会提炼出关键的内容，宜精不宜多，最好不要超过30个字。因为对很多用户来说，是没有时间和耐心来看完大段文字的。

如右图所示的两个短视频封面，前一个短视频封面使用相关的图片作为背景，搭配上简单的文字介绍，将短视频的主题以

更简洁的方式展现出来，利于用户阅读；而后一个短视频，大量的文字密密麻麻排列起来，根本就不知道短视频要展现的是什么。

3．封面图像尽量清晰

清晰的视频封面也是让短视频获得关注的一个因素。短视频封面不清晰，就会让用户觉得短视频质量不高，自然就没有点击的欲望。如下右一图所示的短视频画面，选择

了一张比较模糊的画面作为短视频的封面，这样的短视频关注度就不可能太高；而右二图所示的短视频，同样是表现狗，但是却选择了一个清晰的画面作为封面，展示了狗可爱的一面，自然获得更多用户的关注。

4．要有明确主题

封面干净整洁，重点突出，能够让短视频在最短的时间内吸引到用户。如果短视频的封面过于花哨，那么很可能会让用户抓不住重点，感觉杂乱，不利于推荐。另外，封面上一定不要有水印、广告等信息，这样做不仅降低了短视频的格调，让人反感，还容易让短视频无法通过审核。

如右图所示的两个短视频封面，前一个用短视频中最精彩的笑点部分作为封面，用户一眼就能知道这个短视频要展现的主题；而后一个短视频封面，纳入了大量的背景画面，要展现的人物一点也不突出，用户从封面中很难知道这个短视频要展现的是什么。

5.3　通过预设得到符合主题的封面效果

当我们将拍摄好的短视频上传至抖音和快手等短视频平台上时，默认会以短视频第一秒的画面作为短视频的封面。为了提高作品的点击率，可以利用短视频平台中预设的效果为短视频重新设计封面。通过预设的效果设置短视频封面时，先要从短视频中选择一个能展现出短视频内容的核心画面，再根据画面搭配上合适的文字样式，就能得到与短视频主题更加匹配的封面效果。下面介绍如何通过抖音、快手中的预设功能设置适合主题的短视频封面。

1. 在抖音上选择并应用封面模块

"抖音"软件为用户提供了一些比较简单的预设封面效果，用户使用这些效果就能轻松打造出符合作品风格、主题的短视频封面。

选择一段需要发布的短视频，进入抖音的短视频发布界面，在这个界面中，点击右侧框中的"选封面"标签，注意是点击"选封面"三个字，而非图像，在打开的新页面中，选择短视频封面图，由于短视频要展现的主要对象是荷花，因此以一朵漂亮的荷花作为封面，如右图所示。

选择好封面图后，接下来在下方选择一种预设的文字样式，因为短视频画面整体都是以小清新的风格来体现，所以在文字上也选择了与其风格比较接近的图文结合的预设效果。根据画面内容，再对文字加以更改，为了不遮挡画面中心的荷花，最后将文字向下移一点，这样就得到了一个漂亮的短视频封面，如下图所示。

2. 用快手轻松制作出符合风格的封面

快手短视频平台也同样为快手用户提供了短视频的封面设置选项，与"抖音"相比，"快手"中预设了更多的模板，并且风格也更多样，能满足更多不同用户的需求。

打开快手 APP 界面，拍摄一段短视频后，点击界面下方的"封面"按钮，进入封面编辑界面，这个短视频主要展示的是如何养好花草，所以将最下端矩形条上的红色方框拖动到视频中间能清楚地展示叶片的部分，如右图所示。

选择好画面后，可以看到下方还预设了一些文字模板，为了让文字与视频风格统一，这里选择第一个更简洁的图框效果样式，输入文字，然后按住

并拖动，将封面中的文字放大一些，得到更加醒目的文字效果，如下图所示。设置好封面后，当需要发布短视频时，右上角的图框中即显示设置的封面缩略图。

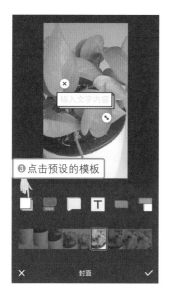

5.4 必备剪辑编辑软件，让你的封面更惊艳

抖音、快手中的封面预设效果比较有限，为了让短视频的封面设置得更加漂亮，很多时候还会用到其他短视频剪辑软件来制作。比较常用的短视频封面制作软件有剪映、快影、美图秀秀、美册、图怪兽等。这些软件既可让我们在短视频中截取某个片段来制作封面，也可以另外选择一张好看的图片设计成短视频的封面。下面分别介绍如何在这些软件中设置封面。

1. 通过剪映定格并设置符合内容的短视频封面

剪映是由抖音官方推出的一款手机短视频剪辑软件。在剪映软件中，用户可以点击"定格"按钮，截取短视频中的某一个片段作为封面，并且可以应用剪映中的文字或贴图等功能，创建极具个性化的短视频封面。使用剪映软件制作封面图有一个很大的好处，就是可以直接将制作好的短视频封面与短视频内容连接起来，并通过"抖音"平台快速发布作品。

如下图所示，选择好一段拍摄好的短视频，并为短视频制作一个封面，这里将使用短视频中的一个片段作为封面。先拖动页面下方的短视频，选取要作为封面的画面，点击"定格"图标，将画面提取出来，并移到短视频开始的位置。

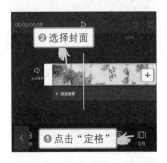

选定封面后，接下来就为封面添加文字。文字的设计既要突出主题，也要与短视频风格统一。在剪映软件中提供了多种文字样式及气泡效果，如下图所示的图像中，我们根据主题选择一种清新风格的气泡，并输入文字。

为了呈现更漂亮的视觉效果，我们还可以对文字的字体、描边样式，以及文字的字间距等进行调整。要调整这些效果，只需要点击"样式"标签，然后分别点击下方的"文本""描边"按钮等。如下图所示的几幅图像，在设置文字样式时选择了与黄色反差较大的天蓝色作为文本颜色，再为文字设置白色的描边样式，加大边距，更利于用户阅读。

最后，为了突出画面中间的文字，我们点击"文本"按钮右下角的"编辑"按钮，对文字进行缩放并旋转，创建封面文字时，文字的持续时间为3秒，因此需要通过拖动来调整时间，使其画面持续的时间一致。制作好封面后，点击"导出"按钮，就能导出并分享作品。

2. 使用快影轻松选择封面样式

快影是快手官方指定的短视频剪辑软件，也是很多快手用户首选的短视频剪辑软件，比较适合用于30秒以上短视频的制作。快影提供了很多新颖的短视频封面样式，用户只需要选择这些样式，并对其进行简单的修改，就能轻轻松松完成短视频封面的设计。与剪映软件比较类似，使用快影的编辑功能制作封面后的短视频，也可以快速导出并发布至快手中。

如下图所示，打开快影界面，选择一段拍摄好的萌宠短视频。接下来，我们为短视频制作一个封面。为了突出可爱的小狗，这里选择短视频中的片段作为封面。拖动短视频，定位到要设置为封面的位置，选取要作为封面的画面，点击"定格"图标，将画面提取出来，并移到短视频开始的位置。

进入选择封面样式的界面，在此界面中，将封面样式分为个性、快酷炫、热点几个大类，我们在选择的时候，可以根据短视频的主题和拍摄内容选择相应的封面样式，并设置对应的文字即可。例如，本段短视频拍摄的是可爱的小狗，因此选择 Vlog 下的一种比较活泼的封面样式，并设置与之风格统一的字体，如下图所示。

3．使用美图秀秀编辑个性化短视频封面

除了可在短视频中选择某个片段作为封面外，也可以使用图像处理软件单独制作更具特色的短视频封面。美图秀秀作为一款比较流行的图片处理软件，其独有的图片特效、美容等功能可以帮助用户轻松完成短视频封面的编辑与制作，并且它支持一键抠图，使用这一功能可以完成各类需要抠图的封面的处理。需要注意的是，使用美图秀秀制作短视频封面后，一定要将图像的长宽比裁剪为 9：16 或 16：9，这是标准的短视频封面比例。

如下图所示，我们要为时尚穿搭短视频制作一个封面。打开美图秀秀界面，点击"图片美化"图标，选择准备好的素材图片，点击下方的"抠图"按钮，就能进行图像的抠取。抠取图像后，根据想要的风格为图像添加相应的背景及文字，就能快速制作出好看的封面。

5.5 选对封面形式，让你的短视频上热门

要想增加短视频的点击率，一个好的封面必不可少。短视频封面的选择需要根据短视频的内容、风格特点选择合适的封面形式，例如，技能干货类短视频比较适合"黑屏＋标题"形式，知识分享类短视频比较适合"模糊画面＋标题"形式，美妆类短视频比较适合"卡片＋标题"形式，如下面几幅图像所示。

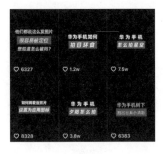  

1. "黑屏＋标题"突出短视频内容

"黑屏＋标题"这种风格的封面一般会将短视频的亮点以及要展现的主要内容用直接、简单的文字加以说明，比较适合知识类短视频以及搞笑、剧情类短视频。"黑屏＋标题"风格的短视频封面，为了突出重要的信息，一般会对文字的字体、色彩等样式进行一些设置。

打开剪映软件，点击界面上的"开始创作"按钮，选择短视频素材，这里我们要制作"黑屏＋标题"风格的封面，所以点击"素材库"标签，选择下方的黑屏背景，然后点击"添加到项目"按钮，导入黑屏背景。

点击界面下方的"文本"按钮，输入标题文字，根据短视频内容输入"新人如何让你的短视频"，点击"确定" ✓按钮，返回主界面。这时可以按住封面中的文字，将文字拖动到其他任意合适的位置上，由于下面还要添加其他的文字，因此这里将文字向上移动一定的距离。

再次点击"文本"按钮，输入"快速涨粉"，点击"确定" ✓按钮，点击"样式"按钮，设置输入文字的样式，这里我们要突出输入的文字，因此点击"新青年体"按钮，使文字更粗一些。然后点击下方的"描边"按钮，为文字添加描边样式，并点击"红色"按钮，更改描边颜色。设置后，再次点击"确定" ✓按钮，如下图所示。完成封面文字的编辑，在时间轨道中会显示添加的文字内容，如果后面需要更改文字，只需要选中时间轨道中的标题文本并重新输入内容即可。

2. "模糊画面 + 标题"风格

"模糊画面 + 标题"这种风格的封面适合于需要简介的知识分享场合的短视频，常用于开箱测评以及各种教学类短视频。"模糊画面 + 标题"短视频封面通过模糊与清晰之间的对比，突出画面中的文字信息。

点击首页上的"开始创作"按钮，选择并导入封面素材，这里我们要制作模糊的图像，所以点击下方的"特效"按钮，然后在展开的特效区点击"模糊"按钮，点击"确定" ✓ 按钮，确认效果，如下图所示。

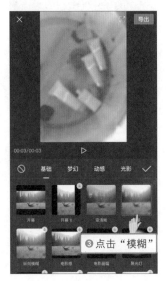
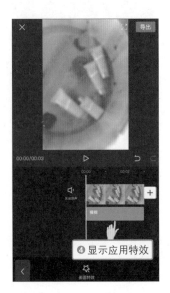

返回首页，点击下方的"文本"按钮，然后输入标题文字，输入后在封面中即会显示输入文本信息，点击"花字"标签，如下图所示，在下方选择一种适合的花字效果，对输入的文字应用该效果。

3．"卡片+标题"风格

"卡片+标题"风格的封面，适合以表演、颜值为亮点的短视频内容，例如，比较适合种草、穿搭，以及高颜值小哥哥、小姐姐的一些表演类短视频。

点击首页上的"开始创作"按钮，为了吸引用户的关注，这里我

们选择一张颜值较高的小姐姐照片作为短视频的封面，如左图所示，点击页面下方的"文本"按钮，根据视频中的内容输入文本"夏日好闻香水大合集"，点击"气泡"标签，并在下方选择一种与短视频画面风格统一的气泡样式，如下图所示。

浅色的气泡样式与输入的封面文字颜色太接近，需要做进一步的修改，点击"花字"标签，然后在下方选择花字样式，这里用户可以根据需要尝试不同的样式，选择更适合自己作品风格的样式，选定样式后，将画面中间遮挡人物的文字拖动和放大到合适位置，再继续为封面添加装饰文字，这样就完成了"卡片+标题"短视频封面的制作，如下图所示。

5.6 三联屏封面，让你的短视频更吸睛

三联屏封面是指主页中三个短视频的封面是一张完整的图片。三联屏封面可以有效解决主页面排版错乱的问题，使主页版面看起来更加工整。三联屏封面比较适合成系列的短视频以及影视剪辑类的短视频，如下图所示。

打开剪映界面，点击"开始创作"按钮，在手机中找到并导入三联屏模板素材，这里我们先要将素材更改为横屏效果，点击下方的"比例"按钮，选择"16：9"的长宽比，即将原竖屏素材更改为横屏效果，使用双指拖动缩放素材，使其填满整个画面，如下图所示。

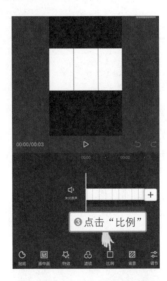

接下来需要添加短视频封面图。点击"返回"■按钮，回到主页面，点击界面下方的"画中画"按钮，再点击"新增画中画"按钮，在打开的页面中选择准备好的封面图像，点击"添加到项目"按钮，如下图所示，将素材添加到项目中。

　　页面上方会显示导入的封面图像，选中并使用双指拖动缩放图像，使其填满整个画面。三联屏封面是将图像垂直分割为三等份，再将每份分别作为不同短视频的封面，所以，为了实现更精准的裁剪分割，点击"混合模式"按钮，再点击"正片叠底"按钮，显示下方的三联屏模板素材，最后点击"导出"按钮，导入短视频封面，如下图所示。

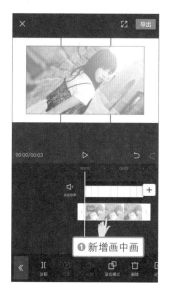

　　重新在剪映中打开导出的封面图，点击"比例"按钮，选择"9∶16"的长宽比，将横屏图像更改为竖屏效果，再次使用双指拖动缩放图像，使其填满整个画面，点击"导出"按钮，就可完成其中一个短视频封面的制作，如下图所示。

　　返回编辑页面，参考三联屏模板水平拖动画面中显示的内容，分别选择显示右侧

和左侧的画面，点击"导出"按钮，导出另外两个短视频封面。导入短视频封面后，我们在要发布的短视频中添加这三个封面，发布后在个人作品页面中就能看到制作的三联屏封面效果了，如下图所示。

5.7 统一封面风格，加深用户对你的印象

很多做短视频的朋友会发现，每次编辑完作品时封面和字体都有可能不一样，导致主页看上去非常凌乱，给人一种很不专业的感觉，如下左图所示。所以，为了给用户留下整洁、美观的视觉印象，很多用户会采用比较统一的方式处理封面，如统一模糊画面、使用相同的字体、相同的颜色等，如下右图所示。统一的封面设置不但可以方便用户了解你每期要讲述的内容，还能大大增加粉丝的关注度。

 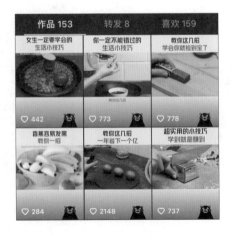

如何为主页中的短视频设置一个统一的封面呢？这主要通过创建和设置模板来实现。下面详细介绍如何使用剪映制作统一的封面效果。

打开"剪映"界面，点击"开始创作"按钮，根据想要的效果点击素材库中的"黑白场"标签，导入素材，点击"比例"按钮，根据短视频的封面尺寸，选择"9：16"的比例，将横屏效果转换为竖屏效果，如下图所示。

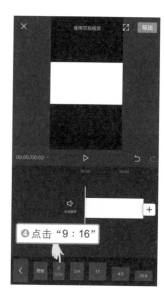

默认画布颜色为黑色，我们可以根据个人喜好或短视频内容更改画布颜色或画布样式。点击"背景"按钮，在界面下方显示有"画布颜色""画布样式"和"画布模糊"三个按钮，由于实例中需要在画布上添加图案，所以这里点击"画布样式"按钮，根据短视频的内容，选择一种比例符合内容的画布样式，最后点击"文本"按钮，在背景中输入文字并为文字设置合适的样式和气泡效果。为了能够完整显示图像和文字信息，将文字和白色矩形向下移动至合适的位置，如下图所示，至此我们就完成了封面模板的制作。

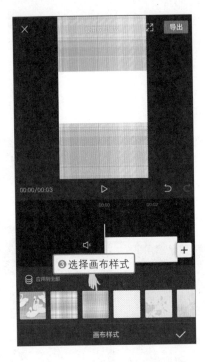

接下来只需要将显示的内容添加到中间白色的区域，返回主页，点击"画中画"按钮，再点击"新增画中画"按钮，打开素材库，选择准备好的封面图像或短视频，点击"添加到项目"按钮，如下图所示。

将素材导入正在编辑的项目中，选中并使用双指拖动缩放图像使得图像填满中间白色的区域，这样就完成一个短视频封面的制作，如下图所示。

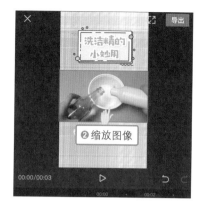

应用相同的方法，对另外的短视频封面进行处理，替换封面中的图像，并根据短视频内容更改相应的文字即可，这样发布后我们可看到整洁的短视频封面效果，如下图所示。

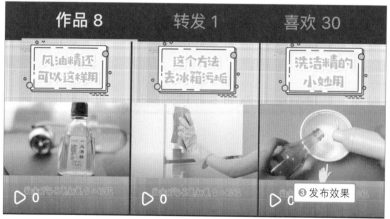

第6章

剪辑
——十大技巧，剪出你的第一个大片

　　对短视频，由于讲究这个"短"，那么短视频每 1 秒的内容都显得特别珍贵，一段好的短视频一定是经过后期再加工的，将最重要的、最想要表达的内容保留下来，将无关紧要的内容剪掉。本章为大家介绍如何在剪辑上为短视频增光添彩。

80%

6.1 二次构图，去除多余的短视频画面

二次构图是指在后期环节对拍摄的短视频构图进行调整，使其达到合适构图的一种方法。二次构图用得好，不仅可以使自己的短视频变得更美观、更具视觉冲击力，而且能够进一步突出短视频的主题思想。

如下左图所示的这个短视频素材画面，通过裁剪画面放大主体进行二次构图，去除了画面中的杂物和多余元素，让主体更加突出，而且画面布局也显得更加直接、紧凑，如下右图所示。

二次构图还能改变画幅比例。下图所示的短视频画面是采用横画幅拍摄的效果，后期处理时通过二次构图，对其进行垂直裁剪，将其更改为竖画幅，把人物放置在垂直方向大约 1/3 的位置，形成三分线构图，得到更出色的画面效果，如右图所示。

很多手机视频剪辑软件都能实现短视频画面的二次构图，比较常用的有剪映软件。在用剪映软件裁剪短视频画面进行构图时，不但可以白由裁剪短视频，还可以使用预设的长宽比进行裁剪，使裁剪后的短视频画面比例更规整。下面我们就用剪映软件调整短视频的构图。

打开剪映软件，点击界面上方的"开始创作"按钮，导入需要重新构图的短视频素材，进入短视频编辑界面，可以看到短视频是在江边拍摄的，但是因为画面中纳入过多

景物导致主体建筑不够突出，点击工具栏中的"剪辑"按钮，如下左图所示，在弹出的工具栏中点击"编辑"按钮，如下中图所示，此时在下方会出现"镜像""旋转"和"裁剪"三个按钮，这里点击"裁剪"按钮，如下右图所示。

为了突出画面中间的高楼部分，要对周边的其他对象进行裁剪。从素材上看，原短视频采用的比例是9：16，为了保证裁剪后画面长宽比不变，这里也选择9：16，然后拖动调整裁剪框的大小和位置，如右图所示，设置好以后，点击"确定" ✔ 按钮完成视频的裁剪操作，在界面上方的预览图中能看到二次构图后的画面。

进行二次构图时，往往需要对画面进行缩放、旋转、位移等操作。如果原视频素材分辨率较低，强行放大之后画质可能会受到影响，比如分辨率为1080像素的原片，将它放大1.5倍以上的话，画面质量就会变得比较差。因此建议大家在前期尽量选用2.7K或4K这样的高清分辨率进行拍摄，以便后期调整时，画质方面不会受到太大影响。

6.2 调整画幅，让短视频更符合平台要求

使用手机拍摄短视频时，用户要根据不同的场景、不同的拍摄主体选择相应的画幅。如果要对常见的短视频按画幅进行分类，可以分为横画幅、竖画幅、方画幅三种类型。下面先来简单介绍这三种画幅的特点。

1．符合视觉习惯的横画幅

手机横着拍摄时，拍摄出来的短视频就是横向的长方形，这就是横画幅短视频，其

长宽比为 16 ：9。如果使用第三方的拍摄软件拍摄，则有更多的横画幅比，如4：3。由于我们的眼睛视觉范围类似于这种横向的长方形，所以横画幅的短视频适合我们的基本视觉习惯，如右图所示的短视频画面。横画幅适合比较宽阔的场景，如草原、蓝天、大海等，更能展现其宽阔性。

2．竖画幅

手机竖着拍摄出来的短视频的画幅就是竖画幅，画幅比例为 9 ：16。竖画幅主要用于表现主体的高大、挺拔，或者为了增加画面的纵深空间感而使用，如右图所示的短视频画面。这是因为竖画幅本身就是竖立的长方形，它能够很好地展现垂直的线条和画面的纵深感，使画面上下内容的联系显得更加紧密。竖画幅适合比较狭窄或巍峨的场景，如瀑布、一线天、大树等。与横画幅相比，竖画幅更贴合手机观看短视频效果。

3．方画幅

方画幅即长宽比例为 1 ：1 的正方形画幅。大多数手机都自带了方画幅的功能，即使有的手机没有这个功能，也可以通过下载第三方的短视频剪辑软件，快速裁切出方画幅短视频。

方画幅是标准的正方形，会给人以画面均衡、严肃、稳定的视觉效果，因此在表现庄重、稳定的主体时，就要使用方画幅。方画幅在电商平台中使用得比较多，大多数商品的主图都使用方画幅。如右图所示的这个主图短视频画面，就使用了短视频的方画幅来展示该品牌手机三脚架的使用和安装固定方式等。

使用手机拍摄短视频时，要根据拍摄的主体选择合适的画幅，因为不同的画幅会有不同的表现效果。如果不满意已经拍摄好的短视频的画幅，也可以使用手机中的短视频剪辑软件，重新调整短视频的画幅比例。接下来就使用剪映软件讲解如何调整一段短视频的画幅。

打开剪映软件，导入一张以竖画幅拍摄的短视频，进入短视频编辑界面，从素材上来看，这是用手机横着拍摄的一段短视频，若要更改短视频的画幅比例，在未选中时间轴的短视频状态下，点击工具栏中的"比例"按钮，在弹出的工具栏中点击"9：16"按钮，即可将横画幅短视频转换为竖画幅效果，如右图所示。

剪映软件除了可以将横屏拍摄的短视频转换为9：16比例的竖屏效果之外，还可选择将短视频素材转换为1：1、3：4、4：3等多种比例。

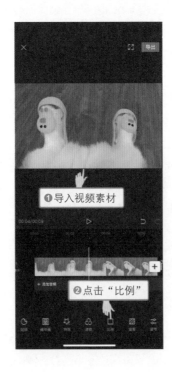

6.3 旋转短视频方向，纠正画面

在短视频的拍摄过程中，可能会因为手机方向的改变，而拍摄出方向不正的短视频画面，比如颠倒的短视频画面。对这种情况，可以通过手机短视频后期处理软件对其进行方向上的旋转。

将短视频画面进行方向上的旋转，可以纠正短视频画面方向上的错误，使短视频恢复到正常的视觉方向上来。右图所示的这两个短视频就是因为在上传至抖音前没有对短视频方向进行调整，而抖音用户大多会习惯竖屏观看，所以这样上传的短视频，给用户的体验感较差。

如今市场上的大多数手机短视频后期处理软件都能够对短视频进行方向上的旋转，而且操作也很简单，下面就以剪映软件为例，介绍如何对拍摄好的短视频素材进行方向上的旋转。

打开剪映软件，导入需要旋转的短视频素材，进入短视频编辑界面。要对短视频进行旋转操作，点击选中时间轴中的短视频，然后点击工具栏中的"编辑"按钮，点击"旋转"按钮，将短视频画面按顺时针方向旋转90°，如右图所示。

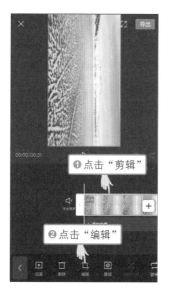

大部分手机短视频后期处理软件都只能以 90°为基础成倍地增加旋转角度，如 180°、270°、360°，所以，如果经过一次旋转后短视频没有达到想要的角度，就需要再次点击相应的按钮进行旋转。如下左图所示的这个画面效果，就是点击两次"旋转"按钮后才得到的效果。

旋转短视频后，如果软件没有自动填充功能，那么在短视频画面的上下就会有黑边。这个时候，想要画面充满屏幕，可以双指拖动放大并移动画面；如果不想充满整个屏幕，但是又觉得黑边难看，可以返回主界面，点击工具栏中的"背景"按钮，在弹出的工具栏中点击"画布模糊"按钮，如下中图所示，打开"画布模糊"功能列表，点击选择一种模糊效果，设置模糊的背景效果，如下右图所示。

6.4 缩放短视频，实现镜头拉近效果

拍摄短视频的时候，可以通过运镜拍摄出镜头不断向被拍摄主体拉近的效果。但是对一些对运镜不太熟练的用户来说，想要通过运镜拍摄出比较好的效果还是有一定难度的。如果没有手持云台、三脚架等辅助设备的帮助，很有可能会因为手的晃动使拍摄的画面变得模糊

不清。所以为了避免这种情况发生，我们可以通过后期处理，用添加关键帧的方法对短视频进行缩放，模拟实现镜头拉近效果。

打开剪映软件，导入需要设置的短视频素材，选中短视频轨道中的短视频素材时，移动短视频到需要放大的起始位置，点击短视频轨道上方的"添加关键帧"按钮，如下左图所示，在当前位置添加一个关键帧，如下右图所示。添加关键帧后，"添加关键帧"按钮会变为"删除关键帧"按钮。

接下来要拖动短视频素材轨道到结束效果的时间点位置。双指拉伸将画面放大显示。放大画面后，在当前位置会自动添加一个关键帧，如下图所示，这样就制作出了类似镜头拉近的效果。

如果抖音用户觉得后期制作镜头拉近效果太麻烦，也可以在拍摄的时候运用抖音新增的拉镜拍摄功能拍摄出镜头拉近、拉远效果。具体方法是，打开抖音界面，点击界面下方的"+"按钮，进入短视频拍摄界面，如下左图所示，点击"录制"按钮，然后按住不放，往上移动就可以将镜头拉近，如下中图所示，往下移动就可以将镜头拉远，如下右图所示。拍摄完成后，点击"确定"●按钮即可。

6.5 剪去片头、片尾，留下精彩短视频片段

片头是指一段短视频最开始的那一部分。对片头进行剪辑就是指将短视频原本的片头剪掉。一段短视频的片头，在很大程度上关系着有多少观众愿意观看。一般来说，如果一段短视频的片头不合适，就可以将其剪掉，留下更好的片头来吸引观众。能够对短视频大片进行

剪辑的手机后期处理软件有很多，这里以剪映软件为例，介绍如何裁剪短视频片头。

打开剪映界面，在时间轴中选中要处理的短视频片段，拖动时间线到需要拆分的位置，这里要裁剪短视频的片头部分，因此将时间线移到片头后面的位置，点击工具栏中的"分割"按钮，如下左图所示，即可从当前时间点位置分割短视频的片头与后面的短视频内容，分割的两段短视频中间位置会显示分割点，如下右图所示。

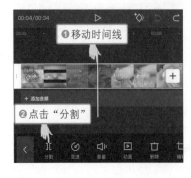
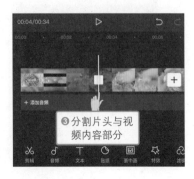

对于分割出来的片头部分，我们要将其从时间轴中删除。点击选中它，然后点击"删除"按钮，如下左图所示，删除分割出来的片头部分，如下右图所示。

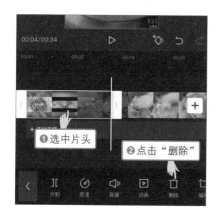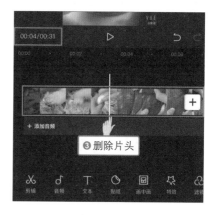

短视频片尾与片头正好相反，它是指短视频的结尾部分。剪辑短视频片尾就是将原短视频的结尾部分剪掉。一般来说，对于不需要的或者错误的短视频片尾部分，都可以将其剪掉。比如从抖音下载的短视频素材，在片尾部分会出现用户以及账号名，如果使用这个下载的素材，就要将这个片尾剪掉。另外，如果在拍摄短视频时，没有及时按下停止录制按钮，那短视频的片尾处就可能出现与主题无关的内容，这部分内容也需要剪去。

短视频片尾的裁剪与片头的裁剪方法相似。选择时间轴中的短视频片段，将时间线移到短视频的片尾位置，点击工具栏中的"分割"按钮，如下左图所示，将短视频的片尾与前面的短视频内容分割开来，得到两段短视频，如下右图所示。

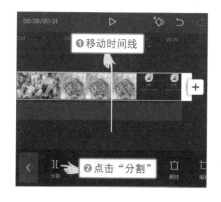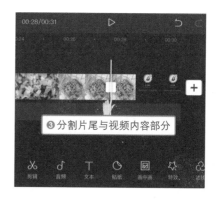

分割短视频片尾与短视频内容部分后，同样点击选中分割出来的片尾部分，点击"删除"按钮，如下左图所示，删除分割出来的片尾部分，这样短视频的片尾就从原短视频中裁剪掉了，如下右图所示。

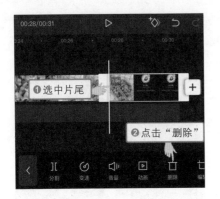 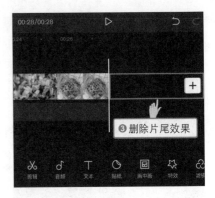

短视频片尾是短视频的结束部分，如果是采用不同的镜头拍摄出来的一段短视频，当我们在剪辑片尾的时候，这部分的剪辑要注意让结尾与之前的内容有所联系，不论是因果关系还是转折关系，都要体现前后的关联性。

技巧：添加短视频素材

如果在编辑的过程中发现还需要添加其他短视频或图片，可以点击时间轨道右侧的"添加"按钮进行添加。添加的短视频或素材会被安排在选中短视频的前方。

6.6 边预览边剪辑，剪掉变化不大的画面

在短视频拍摄过程中，拍摄者很难精确地只拍摄自己想要的画面，大多数时候都会在短视频中出现多余的画面，这时候就需要将这些多余的部分进行剪辑。

在一段短视频中，如果画面长时间停留在某一个场景，且变化不大，就可以只保留其中拍得最好的一部分，其他部分都可以裁剪掉，如下图所示的这个短视频，在播放的时候，我们可以看到短视频从第 3 秒开始一直到第 7 秒的位置，画面基本上都没有什么变化，像这种情况就需要将内容相似的画面剪掉，只留下其中一部分即可。

另外，在做短视频剪辑的时候，很多人会因为对画面帧数拿捏不准而剪辑错误，比如把原本不该剪掉的画面剪掉了，或者计划要剪掉的画面没有剪干净，还剩下小片段，这时需要再费时费力地重新剪辑。所以，当我们在裁剪短视频的时候，如果对要剪辑的画面拿捏不准，那么最好是一边预览一边剪辑。

边预览边剪辑是指将短视频的每一帧画面都显示在界面上，剪辑图标滑动到哪一帧，哪一帧就在界面中显示出来，如下图所示，这样在有参照的情况下，剪辑一般就不太容易出错。剪辑短视频时记得保留短视频原文件，以防止剪错后短视频难以复原，不方便再次剪辑。

6.7　调整播放速度，加速慢放随心定

制作短视频时，灵活使用一些变速效果会让短视频更有节奏，更有代入感，并且能够起到一定的强调作用。比如当物体速度过快，无法展现细节，或者需要刻画运动轨迹、人物心理动作的时候，就可以较慢速度播放短视频；当想要制造时间与空间的改变或营造大场面和科技感的时候，就可以较快速度播放短视频。

在短视频编辑软件中，短视频片段的播放速度是可以自由调节的，通过调节可以将短视频片段的速度加快或者变慢。下面我们就用剪映软件调整短视频播放的速度。打开"剪映"界面，点击"开始创作"按钮，导入短视频素材。点击选中短视频轨道上的短视频，点击工具栏中的"变速"按钮，这时我们看到如下左图所示的剪映界面提供了两种变速功能，即"常规变速"和"曲线变速"功能，普通的剪辑用"常规变速"功能即可，所以这里点击"常规变速"功能，如下右图所示。

 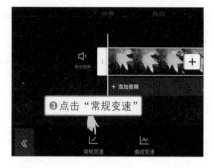

在弹出的变速面板中拖动红色圆圈，以调整短视频的播放速度，正常速度是 1x，如下左图所示，如果要让短视频的播放速度变慢，就将红色圆圈往左移动，短视频的播放时间延长；如果要让短视频的播放速度加快，就将红色圆圈往右移动，短视频的播放时间缩短。在"常规变速"界面左下角有一个"声音变调"复选框，勾选该复选框，声音会根据速度快慢进行变调。如下右图所示，我们将红色圆圈往右移至 2x 位置，可以看到短视频的播放时间由原来的 22 秒缩短为了 13 秒。

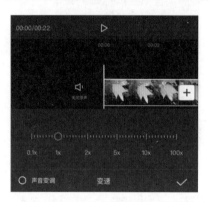 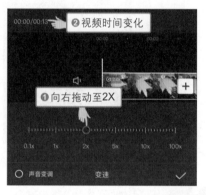

如果不想匀速播放短视频片段，而要做出一会儿快、一会儿慢的变速效果，就需要使用"曲线变速"功能。"曲线变速"功能更适合生活类或纪实类的短视频，其作用类似于专业短视频剪辑软件 Premiere 中的时间重映射功能，只是操作起来更简单。如下左图所示，导入一段运用拉镜技术拍摄的短视频，短视频中以镜头不断靠近建筑，然后在转换到建筑后方时让镜头逐渐远离建筑。我们将这个短视频，通过变速，让画面呈现一定的动感，如下右图所示。

我们想要让这段短视频给人一种运动的冲击感，就要使用"曲线变速"功能，点击工具栏中的"变速"按钮，然后点击"曲线变速"按钮，如下左图所示。打开"曲线变速"列表，在列表中可以看到6个变速模板，分别是"蒙太奇""英雄时刻""子弹时间""跳接""闪进"和"闪出"等，点击其中的"子弹时间"按钮，如下右图所示，让镜头靠近时速度快一些，镜头远离时速度慢一些。

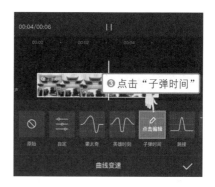

应用变速模板后，如果感觉效果可以，就点击"确定"✓按钮，确认效果。如果还没有达到想要的效果，就可以再对"变速曲线"进行调整。需要注意"变速曲线"的坡度越高，速度越快，坡度越低，速度越慢。如下左图所示的为点击"编辑"打开的变速曲线，可以看到曲线上默认添加6个变速点，接下来就可调整这些节点，改变播放速度。这里我们想要让镜头靠近建筑时的播放速度更快，所以将前面两个变速点再往上拖动，如下右图所示。

此外，在镜头远离建筑时的播放速度同样加快，所以将后面两个曲线变速点也往上拖动，如下左图所示。当镜头正对建筑下方时，因为要进行变速，短视频的播放速度有些偏慢，所以把中间两个变速点稍微往上拖动至1x位置，让短视频恢复至正常播放速度，如下右图所示，这样就完成了短视频的曲线变速设置。在对短视频进行变速时，需要注意变速的目的和原则一定是为了展示主体。如果在变速的时候对设置的变速不满意，可以滑动时间线，添加或删除变速点，也可以点击"重置"按钮，重置变速曲线。

6.8 设置倒放效果，倒播短视频画面

倒放效果就是指短视频的播放顺序从片尾往片头进行播放，比如，一段短视频拍摄的是一个人将衣服脱掉后扔到地上，如果将这段短视频设置成倒放效果，那这段短视频播放出来的效果就是衣服从地上飞起穿到人身上。对短视频设置倒放效果，能够实现很多单靠正常的短视频拍摄难以达到的特殊效果，让短视频倒着播放，通过改变短视频的正常播放顺序，反而能给短视频增添很多的乐趣和不一样的视觉感受。

这里我们使用剪映软件来制作一段短视频倒放效果。打开剪映界面，导入短视频素材，进入短视频编辑界面，点击选中短视频轨道中要倒放的短视频素材，选中短视频素材以后，向左拖动底部的工具栏，然后点击"复制"按钮，复制原短视频素材，如下图所示。

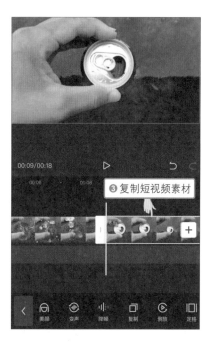

接下来为复制短视频素材设置倒放效果，点击"倒放"按钮，点击之后，软件便开始将短视频的播放顺序设置为倒放，如下图所示。倒放短视频时，如果原短视频中有声音，那么声音也会被倒放，听起来就会非常奇怪。所以，设置倒放效果时，先要关闭短视频原声，设置好短视频画面的效果后，再将声音加到短视频里面去，这样出来的效果才会比较好。

短视频的倒放效果虽然能在一定程度上制造一些惊喜的特殊效果，但是并不是所有的短视频都适合采用倒放效果，倒放效果仅适合用在具有节奏感或者具有大的肢体动作的短视频画面，这样才能达到比较惊艳的效果。

6.9 定格画面，打造更高级的短视频效果

大家在观看短视频的时候应该都会看到这样的效果，就是短视频在播放的时候突然出现一个静止的画面，并配有拍照的咔嚓声，模仿相机拍照的效果，这样的效果就是通过定格实现的。定格是将画面运动主体突然变为静止状态的方法，可以起到强调某一主体的形象、细节的作用，也可以用于制造悬念，表达主观感受等，具有较强的视觉冲击力，一般用于片尾或较大段落结尾。当然，在短视频中间，如果想突出某个地方，也可以定格画面。

打开剪映界面，点击"开始创作"按钮，导入短视频片段，点击选中短视频轨道中的短视频片段，在选中短视频片段的情况下，拖动时间线到需要定格的位置。这里为突出小松鼠站在树桩上时的灵动效果而设置一个定格画面，因此移到大约 4 秒的位置，然后向左拖动工具栏，点击"定格"按钮，即可创建定格画面。

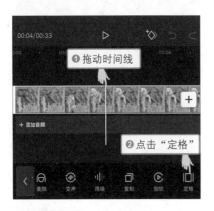 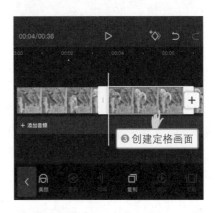

定格画面默认的播放时间为 3 秒，如下左图所示，我们可以根据短视频的创作需求，对定格画面的播放时间进行调整。选中定格画面，选中短视频轨道中的素材并用一个白色的框框起来，拖动白色边框的两侧就可以完成播放时间的调整。如果想要延长定格播放时间，则可将片段的后端位置向右拖动；如果想要缩短定格播放时间，则可将片段的后端位置向左拖动。如下右图所示，向左拖动将时间缩为 1 秒。

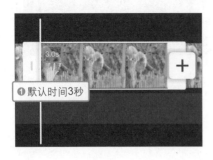 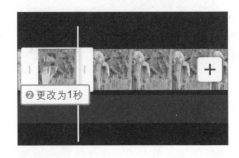

6.10　抠像技术，制作唯美的鲸鱼天空

抠像一词最早来源于电视，意思是吸取画面中的某一种颜色作为透明色，将它从画面中抠去，从而使背景透出来，形成二层画面的叠加合成。在室内拍摄的一些短视频素材经过抠像后与各种景物叠加在一起，往往能形成神奇的艺术效果。

一般的剪辑软件和合成软件都有抠像功能，例如剪映软件。利用剪映软件中的"色度抠图"功能，可以快速地将短视频中的某一种颜色变为透明，通常结合纯色背景素材使用，即我们常说的绿幕短视频来进行短视频的抠像操作。下面通过抠取绿幕短视频制作唯美的鲸鱼天空。

打开剪映界面，导入拍摄好的天空素材，点击工具栏中的"画中画"按钮，再点击"新增画中画"按钮，在弹出的界面中点击"素材库"标签，滑动至下方位置，可以看到剪映的素材库中提供的绿幕短视频素材，这里我们点击其中的鲸鱼绿幕短视频，如下图所示。

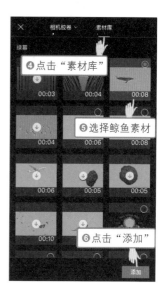

将选择的鲸鱼绿幕素材添加到项目中，双指拉伸画面进行放大，使用添加的绿幕视频填满整个画面，如右图所示。

119

在选中绿幕素材的状态下，点击工具栏中的"色度抠图"按钮，如下左图所示，在画面中将出现一个圆环，同时下方出现三个相关功能按钮，如下左图所示。其中取色器对应画面中的选取器圆环，在画面中拖动选取器圆环，选取要抠除的颜色。如下右图所示，将选取器圆环移到鲸鱼旁边的绿色背景位置，设置要抠取的颜色为绿色。

抠像的核心当然是要抠干净，只有抠干净了才能达到最好的效果，所以就要利用"强度"来调整选取器所选颜色的透明度，设置的数值越高，透明度越高，颜色就被抠除得越干净；而"阴影"则是用来调整抠除背景后图像的阴影。如下左图所示，点击"强度"按钮，将小圆圈拖到 40 的位置，这时能看到抠得比较干净了，原绿幕短视频素材中的绿色背景被抠除，这里不需要为抠取的图像添加阴影，所以就不需要再设置阴影。最后，为了呈现更加唯美的画面效果，将绿幕短视频层的画面更改为"滤色"即可，如下右图所示。

第 7 章

调色
——打造独特的短视频风格

　　调色可以给短视频画面赋予一定的艺术美感，也可以通过更改色调来表达情感。每个人对色彩的理解不一样，喜欢的风格也不尽相同，所以调色没有一个绝对的标准。本章将介绍多种热门的短视频调色技巧，在讲解调整方法时所设置的参数不是唯一的，需要根据自己的短视频素材进行相应的变化。

7.1 自带滤镜，快速更改画面的风格

滤镜可以实现图片的特殊效果。以前主要是指 Photoshop 里的效果插件，用于实现图像的各种特效。随着手机短视频功能的不断进步，很多手机自带了不少滤镜功能，这些滤镜功能使用起来十分方便。手机短视频后期处理软件中的滤镜一般有很多种，并且每种滤镜都能给短视频带来不一样的效果和风格，下图所示的就是手机短视频后期处理软件——快影和剪映当中的部分滤镜效果。

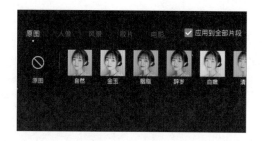 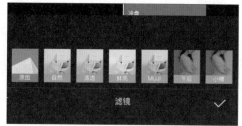

对于没有短视频调色基础的用户来说，使用滤镜对短视频调色能为拍摄的短视频增加新意和创意，同时也能改变短视频的风格，让短视频在风格上更加多样化。但是当短视频使用滤镜时，必须注意滤镜风格与拍摄内容的一致性，比如正经严肃的短视频，就不能用太过俏皮的滤镜；表现青山绿水的短视频，就不能用火红的滤镜与其相配，这样不仅不能让短视频变得好看，还会损坏短视频原有的质感。

使用滤镜对短视频调色有两种方式：一种是让滤镜的颜色与短视频画面的色调相匹配。下左图所示即为拍摄的公园中的景色，整体色调偏绿色，使用色调与之相符的滤镜，可使画面呈现出幽静、淡雅的味道，应用滤镜后的效果如下右图所示。

另一种是让滤镜的风格与短视频画面相匹配。如下左图所示的短视频画面，画面偏向唯美文艺风，这种情况下滤镜也应该选择偏向唯美文艺风格的，应用滤镜后的效果如下右图所示。

　　如何应用短视频后期处理软件中的滤镜对短视频进行调色呢？这里以快影软件为例介绍其操作方法。相对于其他的短视频后期处理软件，快影软件中不但拥有款式众多的滤镜，而且将这些滤镜分为人像、风景、电影、美食等多个类别，我们在对短视频进行调色的时候，可以根据所拍摄短视频的内容和想要的风格选择合适的滤镜。

　　打开快影界面，导入拍摄好的短视频素材，点击工具栏中的"调整"按钮，在弹出的工具栏中点击"滤镜"按钮，如下左图所示，打开"滤镜"列表，因为导入短视频拍摄的是食物的制作过程，所以点击"美食"标签，如下中图所示，为了食物的色泽更明亮诱人，点击"甜橙"按钮，将滤镜滑块向右拖动，如下右图所示。

7.2 亮度、对比度丢掉你短视频中的"灰"

拍摄短视频时如果曝光不准，尤其是偏向过曝，拍摄出的短视频画面颜色就会相对暗淡一些，看起来就像是蒙了一层灰白色的雾。另外，如果在白天日照很强的时候拍摄，光线本就较硬且颜色发灰白，也会使画面看起来灰蒙蒙的。

灰蒙蒙的画面带给用户的体验相对较差，因此，在后期处理的时候，需要调整画面的亮度和对比度，恢复其正常的层次和视觉效果，从而塑造更强的画面感。如下面所示的两幅图像就分别展示了调整之前和调整之后的画面效果，调整之后的画面所呈现的景色就更吸引人了。

InShot 作为一款高清短视频编辑软件，功能全面，操作简单。我们不但可以应用 InShot 提供的滤镜快速调整短视频色彩，还能通过软件提供的自定义调整功能，对短视频进行更加精细的明暗、色彩调整。这里我们就使用 InShot 修复灰蒙蒙的短视频素材。打开 InShot 界面，点击主页上的"视频"按钮，然后在弹出的页面中点击"新建"按钮，即可选择并导入要编辑的短视频素材。

　　导入短视频素材，在短视频编辑页面我们将看到导入的短视频素材，如下左图所示。由于 InShot 默认的比例为 1 ： 1，而原短视频素材是采用 16 ： 9 的长宽比拍摄的，所以导入短视频素材后，画面下方会出现边框，如下左图所示，在进行调色前，先要将这个边框去掉。点击页面左下方的"画布"按钮，再点击下方的"无框"按钮，如下右图所示，点击后短视频下方的边框就没有了。

　　去掉边框后，接下来就可以对短视频的明暗进行调整。点击界面下方的"滤镜"按钮，如下左图所示，在弹出的工具栏中点击"滤镜"旁边的"调节"按钮，如下右图所示，展开更多的调整选项。

　　点击"亮度"按钮，对画面的亮度进行调整，向右拖动"亮度"滑块，让图像变得更亮一些。原始短视频素材看起来灰蒙蒙的，这主要是明暗对比不足，所以需要增强明暗对比。点击下方的"对比度"按钮，展开对比度选项，如果将"对比度"滑块向左拖动，则降低画面对比效果；如果将"对比度"滑块向右拖动，则增加画面对比效果。针对下面的短视频素材，将"对比度"滑块向右拖动，增强对比效果。

调整亮度和对比度后，为了让画面变得更加漂亮，可以点击"饱和度"按钮，将"饱和度"滑块向右拖动，加深颜色，让色彩变得更饱满，如下左图所示。预览短视频，会发现画面有点偏黄，点击"滤镜"标签，点击下方的"GINKGO"按钮，减少黄色增加青色，再拖动上方的滑块，如下右图所示，完成短视频的调整。

7.3 青橙色，最具视觉冲突感的电影色调

　　青橙色调是最近比较热门的一种色彩风格。这种色彩以青色为画面的主要色彩基调，在小范围的色彩中突出橙色、黄色或橘红色等，如下左图所示的短视频画面。青橙色调画面色彩统一协调，色彩辨识度非常高，高色温冷色调的基调，配合着其中人物或景物的小范围对

比极强的暖色，视觉冲突明显，有极强的电影感和胶片感。青橙色调常用于旅拍类短视频的调色。下面我们就来教大家如何调视频青橙色调。

因为短视频画面内容的不同，手动调整时要设置的参数也会有一定的区别。前面我们提过 InShot 有很多的自定义调整选项，应用这些调整选项，可以根据自己的短视频素材调出更符合画面意境的青橙色调。

打开 InShot 界面，导入需要调整的短视频素材，去掉边框，点击界面下方的"滤镜"按钮，如下中图所示，然后点击界面下方的"调节"按钮，如下右图所示，以展开更多的调整选项。

由于青橙色调主要以青色为画面色彩基调，因此在调整的时候，先点击"色温"选项，如果将"色温"滑块向左拖动，则画面色调变冷；如果将"色温"滑块向右拖动，则画面色调会变暖。根据青橙色调的色彩特征，这里我们将"色温"滑块向左拖动，让画面色调变得更冷，如右一图所示，再点击"色调"选项，将"色调"滑块向左拖动，加深青色调，如右二图所示。

　　经过调整后的画面颜色已经得到较大的改变，为了让画面更有意境，可以再对其明暗对比加以调整。点击"曲线"按钮，然后在界面下方拖动曲线上的控制点，向上拖动控制点，使画面变得更亮一些，如下左图所示，点击"确定"按钮，最后点击"对比度"按钮，向右拖动滑块，增强对比效果，如下右图所示。至此就完成了短视频青橙色调的调整。

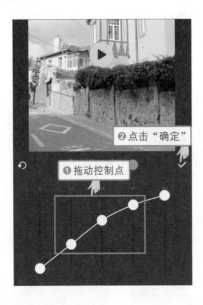

7.4　青绿色，给短视频增加安静典雅的味道

　　暗调青绿色在视觉上给人以一种宁静、深沉的氛围，适合大众场景的表现，右图所示的短视频画面就是暗调青绿色。暗调青绿色的调色思路是画面要以暗青色为主，主要通过色温和色调来控制，可将绿色变为青色。如果遇到太暗的短视频画面，还需要降低明亮度压暗画面，这样才能营造出更加安静的氛围。

　　下面介绍如何使用 InShot 的调色功能调出高级青绿色调。首先导入几段短视频素材，点击界面中的"滤镜"按钮，在弹出的工具栏中再次点击"滤镜"按钮，如下左图所示，这里在界面下方会显示所有的滤镜，点击"STORY"按钮，将下方的滑块拖动到 75 左右，加深青色调，如下右图所示。

 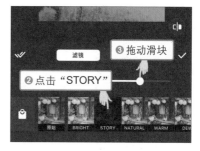

接下来就要利用色温和色调对颜色做进一步的处理。先点击"调节"标签，展开更多的调整选项。观察图像会看到背景区域的青色调并不是很明显，所以点击工具栏中的"色温"按钮，将"色温"滑块向左拖动，增加背景区域的青色调，如下左图所示。

处理好背景区域的青色调以后，再对其他部分进行处理，这里要将绿色的叶子等区域更改为墨绿色，所以点击工具栏中的"色调"按钮，将"色温"滑块向右拖动，如下右图所示。

由于我们在项目中添加了多段短视频素材，为了统一效果，要对其应用相同的调整。点击"滤镜"左侧的"确定" ✅按钮，在弹出的快捷菜单中点击"滤镜.应用于所有"选项，如下左图所示，将所设置的滤镜应用于项目中的所有短视频片段，如下中图和下右图所示。对所有的短视频片段应用相同的调整效果后，如果觉得调整的参数不合适，也可以在时间轴中选中其他短视频片段，对设置的参数进行更改，直到满意为止。

7.5 日系简约色，简约却不简单

日系简约色调应该是很多人的最爱，很容易上手且能得到不错的效果，很多时候它还是拯救废片的神器，如下图所示的短视频就是采用的日系小清新风格。日系简约调色的要点是高曝光、低饱和、低对比和画面偏蓝。

下面介绍如何在 InShot 软件中调出简约、清新的日系色调风格。在调色之前，先将需要调整的素材导入 InShot 中。根据前面提到的调色思路，我们先对素材曝光进行调整。点击"滤镜"按钮，在弹出的工具栏中点击"调节"按钮，如下左图所示，展开更多调整的选项。在这些调整选项中，点击"亮度"按钮，这里我们要提高画面的亮度，所以将"亮度"滑块向右拖动，如下右图所示。

接下来是对比度的调整。点击"对比度"按钮，根据日系风格调色思路，需要降低画面的对比度，所以将"亮度"滑块向左拖动，如下左图所示。前面我们已经将"亮度"设为了最大值，但是画面还是不够亮，还需要再做处理。点击"曲线"按钮，在下方会显示一条倾斜的直线，拖动该线条上的几个控制点来控制画面的明暗，向上拖动画面变亮，向下拖动画面变暗。根据想要的效果，这里要进一步提高画面亮度，所以将中间三个控制点向上拖动，如下右图所示。

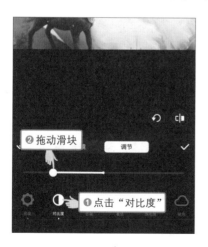 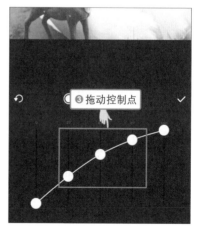

日系简约色画面偏蓝，因此，我们要在调整好明暗对比的情况下为画面增加蓝色。点击曲线上方的蓝色小圆点，对蓝色通道中的图像进行调整，将曲线上的控制点向上拖动，画面会整体变蓝，向下拖动，画面整体变黄，所以我们在此处将曲线控制点向上拖动，使画面变得更蓝一些，如下左图所示。点击左侧的"确定"▼按钮，在弹出的快捷菜单中点击"滤镜·应用于所有"选项，如下右图所示。

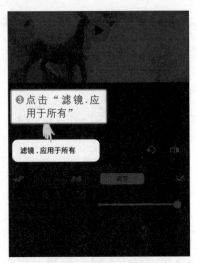

将设置的亮度、对比度，以及曲线等调整参数应用于所有短视频片段，如下左图所示，再点击上方的"确定"按钮，确认滤镜调整。调整好后，可以点击界面右上角的按钮，在弹出的快捷菜单中点击"保存"按钮，保存编辑好的短视频。

7.6 暖橙色，人像VLOG的不二之选

对大多数人来说，橘红色、黄色，以及红色等颜色总能与温暖、热烈等联系起来，因而称之为暖色调。暖色调画面往往能给人一种比较温暖的感觉，一般的暖色调是以红、橙、黄三种颜色为主，多用于人像 VLOG 的调色，如右图所示的短视频画面。此外，一些美食类短

视频也会应用暖橙色调，以突出食物的诱人色泽。

　　暖橙色属于暖色系中比较有代表性的一种色调，其调色的主要思路就是改变画面的冷色调，通过增加红色和黄色来让画面呈现出更温暖的氛围。下面介绍如何使用 InShot 软件调出短视频的暖橙色调。

　　首先导入需要调色的短视频片段，并去除短视频边框。点击界面下方的"滤镜"按钮，在弹出的工具栏中点击"滤镜"按钮，如下左图所示，这里在界面下方将显示 InShot 提供的所有滤镜。根据需要，这里将画面更改为暖色调效果，因此单击"DEW"滤镜，在其上方会显示应用滤镜后的效果，如下右图所示。

　　点击"调节"标签，展开更多的调整选项。经过上一步操作，画面色调虽然有一定变化，但其效果还是不够明显，想要得到更唯美的暖色调画面，需要手动调整色温、饱和度等，从而控制画面的颜色。点击"色温"按钮，将"色温"滑块向右拖动，增加色温，让画面变得更黄一些，如下左图所示；再点击"饱和度"按钮，将"饱和度"滑块也向右拖动，增加饱和度，如下右图所示。

点击"色调"按钮，将"色调"滑块向左拖动，增加色调，让画面变得更红一些，经过调整后，画面变为暖色调效果，如下左图所示。最后我们可以对画面的明暗做一点调整，以营造出更加唯美的视觉效果。点击"亮度"按钮，将"亮度"滑块向右拖动，即提亮画面，如下右图所示。

接下来分别对阴影和高光部分的亮度进行调整。点击"阴影"按钮，将"阴影"滑块向右拖动，提高阴影部分的亮度，如下左图所示。如果将此滑块向左拖动，则会降低阴影部分的亮度。点击"高光"按钮，对高光部分进行调整，这里我们想要让高光部分再变亮一些，所以将"高光"滑块向右拖动，如下右图所示。

7.7　"高级灰"，深受摄影师们的青睐

"高级灰"的色彩风格深受摄影师们的喜爱，现在很多短视频创作者也喜欢用这种色彩风格来对自己拍摄的短视频进行调色。那么，什么是"高级灰"呢？首先，它不是指某一种固定的色彩，而是一种色彩关系。鲜艳的色彩会带给人强烈的情绪感，看久了会使人疲惫；而"高级灰"的色彩纯度低，并且灰色具有丰富、广阔的色彩空间。

利用"高级灰"调整短视频色彩时需要注意，"高级灰"不是"高级黑"。有些人喜欢把画面中某些色彩的饱和度降低，制作成黑白效果，同时保留个别色彩，认为这就是"高级灰"。这种处理方式，往往会给别人压抑、突兀的感觉。"高级灰"是降低色彩纯度，而不是把色彩去掉，并且在降低色彩纯度的同时，还要注意画面的通透度，适度的对比度，干净的色彩搭配，合适的清晰度等。"高级灰"色调适合于建筑以及城市街道，能够表现出一种大气、古朴的视觉感受，如右图所示的短视频画面。

如何使用短视频后期处理软件调出"高级灰"色调呢？下面我们以 InShot 软件为例，分别对短视频的饱和度以及高光、阴影部分的色调进行调整，从而将短视频转换为"高级灰"色调效果。如下图所示，这是在古寺中拍摄的一段短视频，我们就以短视频为例，讲解"高级灰"色调的调色过程。

首先将上面的短视频导入 InShot 项目中，点击界面下方的"滤镜"按钮，然后在弹出的工具栏中点击"调节"按钮，调出更多的调整选项。"高级灰"色调画面的色彩纯度低，所以先点击"饱和度"按钮，将"饱和度"滑块向左拖动，降低画面的色彩饱和度，如下右图所示。

降低色彩饱和度后，接下来就是画面明暗的调整。点击"高光"按钮，调整画面高光部分的亮度，想要让高光部分变得更亮，就将"高光"滑块向右拖动，如下左图所示；再点击"阴影"按钮，调整画面阴影部分的亮度，为增强对比效果，将"阴影"滑块向右拖动，如下右图所示。

 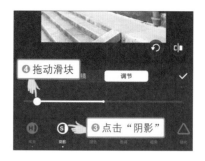

　　为了渲染古寺清幽、宁静的氛围，我们向其添加冷色。点击"色温"按钮，将"色温"滑块向左拖动，如下左图所示，此时能看到通过向左拖动后变得更蓝一些的画面效果。最后，点击"锐化"按钮，将"锐化"滑块稍微向右拖动一点点，以提高画面的清晰度，如下右图所示，至此就完成"高级灰"色调的调整。

7.8 黑白色，分分钟打造高冷风格画面

　　黑白色既可称为"无彩色"，也可称为"中性色"。在 20 世纪早期，由于受到技术的限制，很多电影都是黑白的。随着短视频的流行，一些短视频创作者也喜欢将作品调为这种复古的黑白色，如下左图所示的短视频画面。没有了令人眼花缭乱的华丽色彩，这种有着更加强烈对比度的黑白色短视频画面，更能震撼人心，更能体验到不一样的感觉。下面我们使用 InShot 中的黑白滤镜快速将拍摄的短视频转换为黑白效果。

　　如下中图所示，将拍摄好的短视频素材导入 InShot 中。为了让短视频更出彩，可以尝试将其转换为黑白效果。点击"滤镜"按钮，然后点击"滤镜"下的"DARK"按钮，可以看到原短视频即被转换为黑白效果，如下右图所示。

　　将短视频设为黑白效果后，能看到短视频中高光的部分太亮，可以适当降低其亮度。点击"调节"标签，点击下方的"曲线"按钮，然后在展开的曲线图上向下拖动最右侧的曲线控制点，让画面中的高光部分变得更暗一些，如下左图所示；再点击"纹理"按钮，将"纹理"滑块向右拖动，为短视频画面添加纹理颗粒感，如下右图所示。

第 8 章

音频
——让你的短视频重新发"声"

一段完整的短视频，往往是由视频和音频两部分组成的。音频可以是视频原声或旁白，也可以是一些特殊的音效或背景音乐。音频可以赋予画面故事性，让短视频变得更精彩。本章将从如何为短视频搭配好的音频入手，介绍音频的处理技巧，让音频为短视频更好地服务。

8.1 关闭原声，获得安静的短视频画面

在拍摄短视频时，我们录像时会一并收录环境音，当短视频的环境音比较嘈杂时，就需要对短视频的环境音进行处理，比如消除原视频中的环境音。几乎所有的视频剪辑软件都支持关闭视频原声的功能。下面就以快手官方剪辑软件为例，介绍如何关闭视频原声并为短视频添加自己喜欢的音乐。

快手提供了一键关闭视频原声的功能。打开快手中的快影界面，点击"剪辑"按钮，如右图所示，添加自己拍摄好的一段视频素材，然后点击视频界面的左下角小喇叭图标，如下左图所示，这样视频的原声就关闭了，视频就显示为静音的状态，如下右图所示。

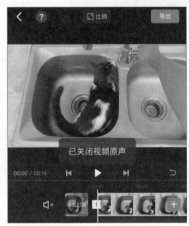

除了上面介绍的这种方法可以去除原声外，快影中还有一种去除视频原声的方法。点击工具栏中的"音效"按钮，再点击"视频原声"按钮，然后将原声"音量"滑块拖曳至 0 位置，这样视频原声就被关闭了，如下图所示。当然，一些短视频为了体现其真实性，在后期处理的时候不会关闭原声，而是选择降低原声音量，使其不至于破坏画面的美感。

8.2 添加恰当的音乐，让短视频与音频统一

当我们将短视频原声关闭后，短视频就为静音状态，接下来就需要为静音状态的短视频画面重新进行配音，例如，添加一首好听的背景音乐。快影中提供了很多歌曲，我们可以根据短视频的画面内容以及短视频展现的情景等选择适合自己短视频的音乐，让音乐与短视频的风格完美搭配。

在快影中添加音乐的操作比较简单，点击工具栏中的"音效"按钮，再点击"音乐"按钮，如右一图所示，打开"选择音乐"界面，如右二图所示。在界面上方有多个音乐分类，下方则为一些快手推荐的音乐。如果在分类和下方推荐区都没有自己想要的音乐，则可以在顶端的搜索栏输入音乐名称，通过搜索的方式查找音乐。

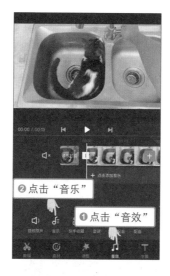

打开"热歌榜"界面，点击这个界面中的任意歌曲试听音乐效果。由于上面这个短视频拍摄的是可爱的小猫咪，所以点击"小可爱"这首歌曲，如右一图所示，再点击"使用此音乐"按钮，即可在时间轴中看到使用这首音乐作为短视频的背景音乐，如右二图所示。

添加音乐后，在快影中还可以设置添加音频的起始点，即截取所选音乐的一部分。点击选中时间轴中的音频素材，这时在音频素材下方会显示一排快捷按钮，点击其中的"起始点"按钮，如右一

图所示，在弹出的界面中可以滑动音频，重新选择音乐的起始点，如右二图所示，设置好以后，点击"确定"按钮即可。

8.3 分割音频，同步音频与短视频

由于短视频大多时长都比较短，所以在为短视频添加音频时，为了保证短视频画面与音频播放持续时间一致，在为短视频添加背景音乐后，需要对添加的音乐进行进一步的分割处理，将多余的部分删除，只保留音频中需要的部分。下面以快手软件为例，介绍如何对添加的音频文件进行分割操作。

在分割短视频素材前，先点击短视频画面下方的"播放"按钮，预览短视频效果，

将时间线移到要分割的位置。以上面这个短视频为例，我们要在水淋到的位置将后面部分音乐删除，将时间线移至大约 10 秒的位置，如右一图所示，点击时间轴中的音频素材，选中背景音乐，这时在音频素材下方会出现"分割""音量""起始点""复制"和"删除"五个按钮，如右二图所示，点击"分割"按钮。

从当前时间点位置将原音频素材拆分为两段，如下左图所示。由于这里只需要使用前一段背景音乐，所以要将后面一段删除。点击选中后一段音乐，然后点击下方的"删除"按钮，即可删除所选的音乐，如下右图所示。删除音乐后，在时间轴中将不再显示该段音频素材。

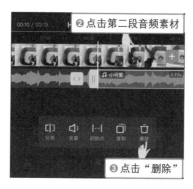

8.4 音效配置，让画面更有临场感

音效可以让短视频内容更加生动、真实可感。对观众来说，音效的目的就是让观众身临其境，甚至将自己带入剧情中去。众多的手机短视频后期处理软件都可以为短视频添加音效，这里以快影软件为例，介绍如何为拍摄的短视频添加音效。

在前面章节中，我们将小猫淋到水后面部分的音乐删除了，这里为了营造轻松搞怪的氛围，在删除的音乐位置添加一段笑声。先在时间轴中将时间线滑到要添加音效的位置，如下左图所示，点击工具栏中的"音效"按钮，再点击"音效"，在下方的"音效"列表中有可以选择的音效，这里根据需要点击其中的"哎呀我滴妈呀"这个音频素材，如下右图所示，点击"确定"按钮，即可完成音频素材的添加。

在时间轴中将显示添加的音频素材，如下左图所示。对于添加的音频素材，同样也可以对它进行分割处理，还可以调节其音量大小，以及执行复制、删除等操作。这里，当短视频画面播放完成时，音频也要停止播放，所以要将后面部分多余的音频删除，将时间线滑到短视频画面即将结束的位置，点击"分割"按钮，如下右图所示。

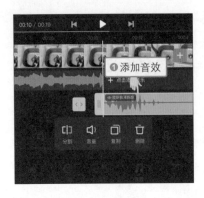
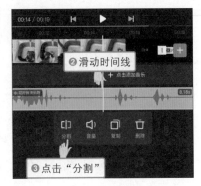

　　从当前时间点位置将音频素材分割为两段，如下左图所示。点击选中后面一段音频素材，点击下方的"删除"按钮，就可以将这段音频素材从时间轴中删除，如下右图所示。删除后在时间轴中将不再显示该段内容。

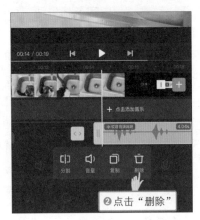

　　使用手机拍摄短视频时，很少有现场一边拍摄一边加音频的，音频一般都是后期添加的。在为短视频添加音频时需要注意，音频与短视频的风格、内容要保持一致，这样才能使短视频画面更加具有真实性。

　　另外，如果不采用软件自带的音频，就需要自己制作音频，再将其导入短视频中。当面对这种情况时，如果有条件，最好是在专业的录音室或隔音效果特别好的房间里进行，这样才能很好地隔绝外界其他噪声的干扰，以保证音效的质量。

8.5　提取声音，轻松获得音效素材

　　在抖音、快手等短视频平台中观看短视频时，听到一段自己非常喜欢的配音、音乐时就想要将其保存下来应用到自己的作品中。我们可能并不知道这首歌曲的名称，又或者本来就是原短视频创作者自己

录制的声音，这时，可以将短视频保存到自己的设备中，再通过提取声音的方式使用这个短视频中的音频素材。

　　这里以快手为例，介绍如何提取短视频中的音频作为素材来使用。如下左图所示的短视频画面，如果我们要提取这个短视频中的声音作为音频素材，就点击右上角的"分享"按钮，然后在弹出的短视频分享界面点击下方的"保存到相册"按钮，如下右图所示，即可将这个短视频下载并保存到手机相册中。

　　下载好短视频后，接下来就打开快影界面，将拍摄的短视频素材导入，点击工具栏中的"音效"按钮，再点击"快手收藏"按钮，如下左图所示，在打开的页面中默认展开"快手收藏"文件夹，这里我们需要使用手机中保存的短视频文件，所以点击"本地"标签，展开"本地"选项卡，点击选项卡下的"视频提取声音"按钮，如下右图所示。

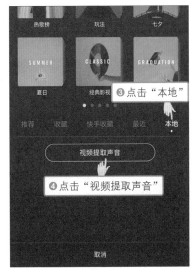

在弹出的界面中选择一个需要提取音频的短视频素材，这里我们点击前面保存的短视频素材，选择素材后，进入音频提取界面，点击界面下方的"提取音频"按钮即可，如下左图所示，提取音频完成后回到首页，在时间轴中就能看到从原短视频素材中提取出来的音频，如下右图所示。对于提取出来的音频素材，我们还可以根据画面或短视频整体节奏调整其音量，合适的音量大小可以有效提升观众的观看体验。

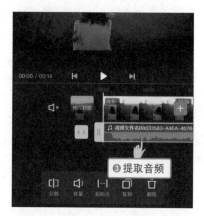

8.6 智能配音，快速为短视频添加旁白

在一些短视频作品中，有时我们需要为短视频添加一些旁白，借助短视频剪辑软件可以将文本直接转化成语音。目前，主流的一些短视频剪辑软件都具备这个功能，例如，大家比较熟悉的快影、剪映软件等。下面我们还是以快影软件为例，利用软件提供的"智能配音"来为短视频快速配音。

打开快影界面，导入要配音的短视频素材，如下左图所示，导入在车上拍摄的一段短视频。点击工具栏中的"音效"按钮，在弹出的窗口中就会显示"智能配音"按钮，点击该按钮，这时就会弹出"添加智能配音"窗口，我们在其中输入需要配音的文字，如下右图所示。输入文字后，点击右侧的"确定"按钮，就可完成文本的输入。

接下来可以为输入的文本选择发音人。快影中包含多个不同的发音人，如"舌尖同款""趣萌""仿佩奇"等。这里我们制作的是一个情绪小短片，所以将发音人设为"小姐姐"，然后点击"生成配音"按钮，如下左图所示。在"添加智能配音"窗口中还有一个"在画面上显示文本"滑块，默认状态为开启状态，此时在对短视频进行配音时，会同时在画面中显示输入的配音文本，如下右图所示。

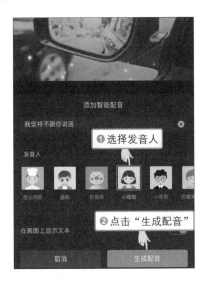

如果对配音不满意，还可以删除配音或更改配音内容等。操作方法是，点击时间轴中的配音素材，即点击人像小图标，如下左图所示，选中配音素材。此时在素材下方会出现"音量""删除""发音人"和"去改字"四个按钮，如下右图所示。点击"音量"按钮，可以调整配音的声音大小；点击"删除"按钮，可以删除当前选中的配音素材；点击"发音人"按钮，可以重新选择配音的发音人；点击"去改字"按钮，可以更改配音的文本。

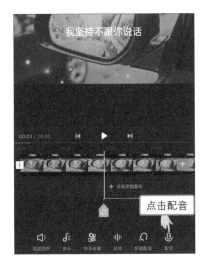

点击"去改字"按钮，会弹出如下左图所示的工具栏，同时画面中间的文字也会变为选中状态，双击短视频画面中的文字或点击工具栏中的"编辑"按钮，将会再次打开键盘，此时可以重新输入文本，输入后点击"确定"按钮，会弹出如下右图所示的提示对话框。如果点击"更新配音"，则连文字和配音一起更改；如果点击"暂不更新"，则只会更改短视频中的文字，而不会更改配音。

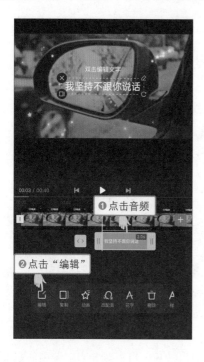

8.7 独立配音，让表达更清晰

很多短视频创作者都会在短视频画面拍摄完成后再进行一次配音，因为如果是在拍摄画面时同步收音，很有可能会受到环境影响，录制出来的画面有很多噪音或者是声音很小听不清楚等。后期配音则可以很好地避免这些问题，让短视频中的声音更干净、纯粹，能带给用户更好的观看体验。

打开快影界面，将需要配音的短视频素材导入项目中，下左图所示的是导入一段拍摄的制作蛋糕的短视频，点击工具栏中的"音效"按钮，这时可以看到显示出来的"配音"按钮，点击该按钮，就能进入如下右图所示的录音界面。按住界面中的"录音"按钮不放，就可以开始为短视频录制声音。

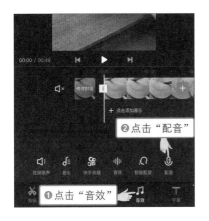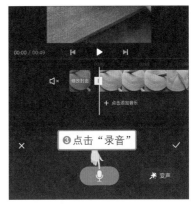

录制完成后，松开手指。此时，在时间轴中会显示录制的声音，如下左图所示。如果你想要让配音变得更有趣，也可以对录制的声音进行变声。点击右下角的"变声"按钮，在弹出的窗口中能看到多种不同的变声类型，根据自己的情况选择一种就可以了。

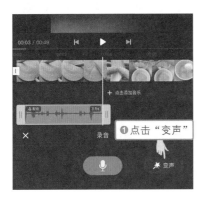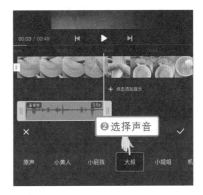

为短视频配音时，要注意几点：一是要注意录音场景，尽量选择一些环境安静的室内作为录制的场景，有条件的可以选择在录音棚内录音；二是要注意录音设备，要求不高的，选择手机并在一个较安静的环境就可以录制，当然带一个耳机效果会更好。

也有一类短视频会选择边拍短视频边录制声音，例如，大家常见的采访类短视频，这类短视频在录音时常使用小蜜蜂来收音，让声音显得干净、纯粹。

8.8　变声处理，增加短视频的趣味性

在观看很多短视频创作者的作品时，会发现里面人物的声音都不是原声。不少短视频创作者会选择将原声进行变声处理，这样的处理方式，不仅可以加快短视频的录制节奏，还可以增加短视频的趣味性。尤其是一些幽默喜剧类的短视频，对原声进行变声处理，能很好地放大这类短视频的幽默感。

1. 利用短视频平台的变声功能

在抖音、快手等短视频平台中，既可以拍摄短视频，也可以对拍摄的短视频进行变声处理。下面以快手为例介绍如何在拍摄短视频时对其进行变声。

打开快手界面，点击界面中的"录制"按钮录制一个短视频，如下左图所示，录制好以后点击"下一步"按钮，进入视频编辑界面。如下右图所示，点击界面下方的"配乐"按钮，这时会在界面下方显示配音选项，默认会从推荐的歌曲中选择一首歌曲作为拍摄短视频的背景音乐。

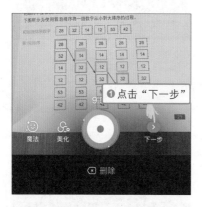
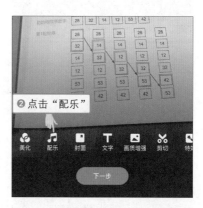

如果只想保留短视频中的录音，而不需要使用推荐的音乐，就将音乐滑块移至最左侧，如下左图所示。接下来点击"变声"标签，在展开的选项卡中显示各种变声效果，如"小黄人""机器人""萝莉"等，如下右图所示。可以根据短视频内容选择一种比较合适的变声效果。

2. 利用视频剪辑软件的变声

如果用户使用手机自带相机拍摄短视频，拍摄后想对这个短视频中的声音进行变声处理，就可以使用专业的视频剪辑软件来完成。下面我们使用快影来对一段拍摄好的短视频进行变声处理吧。

打开快影界面，导入要做变声处理的短视频素材，点击工具栏中的"音效"按钮，点击"视频原声"按钮，如下左图所示，在界面下方默认选中"原声"标签，在其旁边还有表示变声效果的"小黄人""机器人""大叔"等标签，如下右图所示，左右滑动，选择一种自己喜欢的变声效果即可。另外，在对短视频变声时，我们还可以拖曳下方的"音量"滑块，调整变声后视频中声音的大小。

 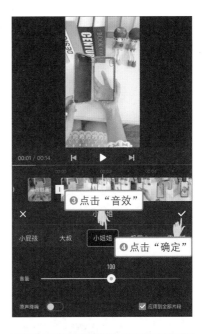

　　如果是在室外或较嘈杂的场景中拍摄的短视频，在对短视频进行变声时，可以向右滑动"原声降噪"滑块，如右图所示，启用降噪功能，优化短视频中的背景噪声，给观众更好的视听体验。如果想要恢复到原声效果，只需在这里重新点击"原声"按钮就可以还原至原来的声音效果。

8.9 音乐踩点，制作极具节奏感的卡点短视频

　　音乐卡点短视频一直是短视频平台上一种比较热门的短视频玩法。所谓卡点短视频就是让短视频跟着音乐的节奏切换画面，这类短视频往往具有较强的节奏感。卡点短视频虽然看起来很简单，但是制作起来却有一定的难度。现在不少短视频剪辑软件都可以通过踩点制作卡点短视频。

使用视频剪辑软件制作音乐卡点短视频，大致可分为两种：一种是通过套用卡点模板，用户将选择的音乐导入相应数量的短视频或图像素材中，系统自动组合素材，生成卡点短视频；另一种是利用音乐踩点功能生成鼓点标记，根据鼓点标记来调整素材长短，使转场对应鼓点所在的位置。

1．套用模板快速创建卡点短视频

剪映软件中有很多预设的卡点短视频模板，套用这些模板我们就能够比较轻松地完成热门卡点短视频的制作。

打开剪映界面，点击下方工具栏中的"剪同款"按钮，进入短视频模板界面，如下左图所示，在下方可以看到"卡点""玩法""纪念日"等不同种类的模板标签，这里我们要根据音乐制作卡点短视频，所以点击"卡点"标签，如下右图所示，展开"卡点"选项卡，在该选项卡中包含多种卡点效果。

点击其中一种卡点效果，进入卡点短视频编辑界面，在这个界面中，我们可以先预览效果，如果觉得不错，就直接点击右下角的"剪同款"按钮，如下左图所示，然后打开手机中的素材库，选择添加短视频或照片。如果要添加短视频，则点击上方的"视频"标签；如果要添加照片，则点击上方的"照片"标签，如下右图所示，这里我们选择了8张素材照片，点击"下一步"按钮。

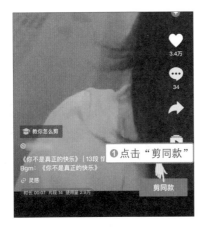 

进入编辑界面，如下左图所示。如果觉得效果不错，直接点击右上角的"导出"按钮，导出短视频；如果对短视频效果不满意，可以选中下方的短视频素材，然后点击上方的"编辑"，在弹出的工具栏中点击"拍摄"按钮，可以重新拍摄一段短视频素材，或者点击"替换"按钮，从手机中重新选择一个素材替换选中的素材。

 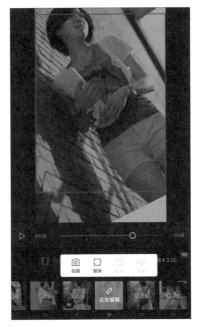

2. 应用踩点功能自由卡点

卡点除了可以增加短视频的节奏感外，还有很多其他方面的用途，比如找剪切点、卡点添加字幕、卡点添加图片和音效、卡点设置转场等。所以，在制作卡点短视频时，套用模板虽然可以快速得到卡点效果，但是模板素材的效果相对有限，而且不一定适合自己的短视频。这时，如果想要做出更具个性化的卡点短视频，就需要应用到音乐踩点功能。

所谓踩点，就是找到音乐中的重音节奏点，然后在节奏点位置添加踩点标记，根据此标记来调整短视频画面播放的时间。剪映提供了自动踩点和手动踩点两种操作方法，接下来介绍其操作方法。

首先打开剪映界面，在主界面中点击"开始创作"按钮，从相册中导入多张拍摄好的短视频素材，如右图所示，进入短视频编辑界面，在此界面可以预览到短视频效果。对于导入的图像或视频素材，我们可以通过拖曳的方式调整它们的播放顺序。

剪映提供了很多抖音比较热门的卡点音乐素材。点击工具栏中的"音频"按钮，打开音频列表，点击其中的"音乐"按钮，打开剪映音乐库，选择上方音乐分类中的"卡点"选项，进入"卡点音乐"列表，在其中选择一个你喜欢的卡点音频素材，如下图所示。如果不知道选择哪个音频素材，则可以先点击这些音频素材，听一听效果，觉得不错，就可以点击音频素材后方的"使用"按钮，将其应用到项目中。

添加音频素材后,接下来就要根据添加的音乐进行踩点。选中时间轴中的音频素材,点击下方工具栏中的"踩点"按钮,如下左图所示,进入音频踩点界面。剪映提供的"自动踩点"功能可以根据所选音乐的节拍进行踩点,这对于没有什么经验的用户或者是音乐敏感度比较低的短视频创作者来说就非常适用。如下右图所示,向右滑动"自动踩点"滑块,启用"自动踩点"功能,然后选择"踩节拍I",这是因为"踩节拍I"相对于"踩节拍II"来说,生成的踩点标记要少一些,更利于短视频素材播放时间的调整。

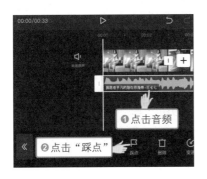 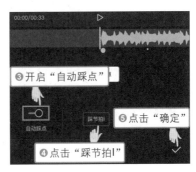

完成上述操作后,在短视频编辑项目中的音频素材将自动根据音乐节拍生成多个黄色的鼓点标记,如下左图所示,为了方便观察音频鼓点所在的位置,实现更精准的踩点,可以用两指将时间轴拖曳放大一些,如下右图所示。

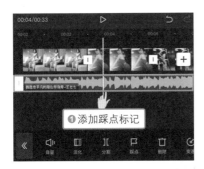 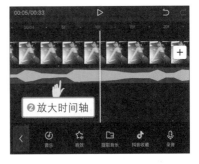

接下来就要根据鼓点位置调整短视频素材的播放时间。先选中时间轴中的第一段素材,如下左图所示,在这里我们要让这段素材的尾端对齐第二个鼓点,因此将其尾端向左拖曳,直至它对齐鼓点为止,如下右图所示。

使用同样的方法，选中时间轴中的其他短视频素材，拖曳调整这些素材的播放时间，让短视频素材对应每个鼓点，即在每个鼓点所在位置切换镜头。设置好以后，我们再对多出来的音乐部分进行分割，将时间线移到短视频画面结束的位置，点击"分割"按钮，分割音频素材，如下左图所示，然后选取后面一段音频素材，点击"删除"按钮，删除多余的部分，如下右图所示。

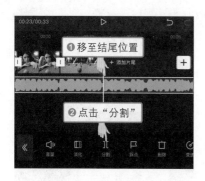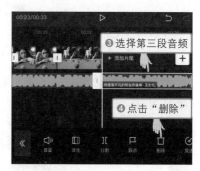

这样一个简单的卡点短视频就做好了，如果你想要呈现出更加绚丽的效果，可在短视频素材之间添加上特效和转场效果。短视频特效和转场的制作会在后面的章节中详细介绍，这里就不重复讲解具体操作了。

对于一些对音乐比较敏感的短视频创作者来说，可能会觉得自动踩点还是有些不太精准，所以这个时候可以尝试手动踩点。手动踩点相对麻烦一些，需要在制作过程中反复听音乐，从而确定添加鼓点标记的位置。继续以上一个短视频为例，选中时间轴中的音频素材，点击"踩点"按钮，进入短视频踩点界面。先向左滑动"自动踩点"滑块，取消自动添加的鼓点标记，如下左图所示，然后点击音频素材上的"播放"按钮，播放音频素材以确定节奏点，将时间线移到对应的节奏点位置，点击下方的"添加点"按钮。

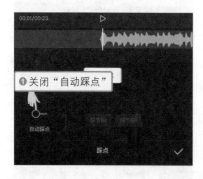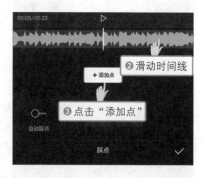

在时间线对应的位置就会添加一个鼓点标记，如下左图所示。这个时候可以再试听一下歌曲看鼓点标记位置是否准确，如果不合适，可以点击下方的"删除点"按钮，删除鼓点标记以便重新设置。反复执行这个操作，根据音乐节奏完成更多鼓点标记的添加，如下右图所示。这样音频手动踩点就完成了。

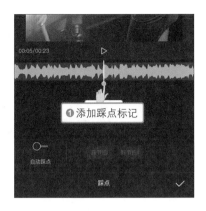
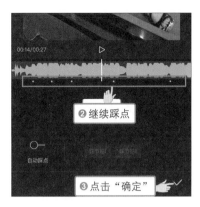

最后使用前面介绍过的方法，分别调整每段短视频的播放时间，让其对齐节点位置即可，如下左图所示。点击时间轴上的"播放"按钮，播放短视频就可以预览制作好的卡点短视频，如下右图所示，如果确认无误，则点击界面上方的"导出"按钮，导出短视频。

8.10 淡入淡出，使声音的过渡变得更自然

由于短视频需要用到的音乐时间相对较短，所以我们通常会从一段音乐中截取一段来使用，但是在使用时，为了避免音乐的出现或结束的时候太突兀，可以运用淡入淡出的功能，让音乐的出现更自然。在短视频中运用淡入淡出效果时，还可以通过调整淡入或淡出持续的

时间，对短视频效果要求更高的短视频创作者来说，这样可以让短视频给人留下更加专业的印象。这里我们以剪映为例，介绍如何为短视频中的声音设置淡入淡出的效果。

　　打开剪映界面，添加拍摄的几段短视频，由于短视频拍摄的是可爱的狗，所以我们再为这个视频添加一首比较轻快的背景音乐，采用上面讲过的方法，对音频素材进行剪辑，删除多余的部分，让保留下来的音乐播放时间与视频播放时间一致，如右图所示。

　　想要为音乐设置淡入淡出效果，首先选中时间轴中的音频素材，并将时间线移到短视频的开始位置，点击工具栏中的"淡化"按钮，如下左图所示，点击该按钮后下方会显示"淡入时长"和"淡出时长"两个选项，拖曳这两个选项右侧的滑块，就能精准控制音频素材开始时淡入的时间和结束时淡出的时间，如下右图所示。

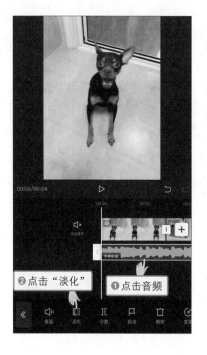

第9章

字幕
—— 丰富信息的定位传递

观看短视频的行为是一个被动接收信息的过程，大多数时候，观众很难集中注意力，此时需要使用字幕来帮助观众更好地理解和接受短视频的内容，同时，还能帮助一些听力较弱的观众理解短视频的内容。本章将详细介绍一些短视频字幕添加技巧，帮助大家学习如何为短视频添加合适的字幕。

80%

9.1 添加字幕需要注意的几个点

字幕通俗一点的解释就是常出现在播放屏幕中的文字，专业一些的解释——字幕是短视频中非画面、非声音的部分，一般出现在屏幕的下方，有时也会出现在屏幕的两侧或中间。

在移动端观看有字幕的短视频时，需要注意不同的平台对界面的布局是有差异的，我们添加的字幕应该规避平台系统的文字位置。以抖音为例，短视频在该平台发布后，短视频右侧会出现点赞、评论、转发等按钮，在短视频的下方会显示标题文案，在短视频的上方会有推荐栏，如下左图所示。所以，我们在短视频中添加字幕时，要尽量避开这些区域，选择在没有遮挡的区域添加字幕。如下右图所示的短视频画面就在被遮挡的区域添加字幕，这些被遮挡的文字不但让画面显得很乱，而且不利于用户看清楚文字内容。

另外，在添加字幕时，字幕文字最好不要遮挡人物的脸、头部等。如果是拍摄人物全身的短视频，注意不要将字幕添加到人物的小腿或膝盖位置，以免破坏人物的身材比例，影响短视频效果，如下左图所示。可以选择将字幕添加到人物的大腿上部或上半身位置，如下中图所示。如果主体对象在画面中占据比例较大，可以考虑在不完全遮挡对象的情况下为文字添加背景，使字幕更加明显，如下右图所示。

9.2　自动识别，快速为短视频添加字幕

在一些短视频中往往会出现大段的念白，在后期短视频处理时通常需要为每句话都添加字幕。这里，如果都靠自己一个字一个字地录入，势必会花费很多的时间。所以在后期短视频处理的时候，为了节省时间，我们可以借助短视频剪辑软件，识别短视频中的声音并将其快速转换为字幕文字。目前，很多视频剪辑软件都能识别视频中的声音，下面分别使用剪映和快影来教大家如何快速添加字幕。

1. 利用剪映识别字幕

剪映中的"识别字幕"功能可以帮助用户将视频中的语音转换为字幕文本，并且操作起来简单。打开剪映界面，点击"开始创作"按钮，将拍摄好的视频素材导入项目中。

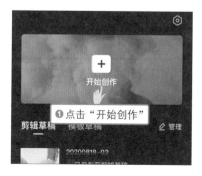

接下来要将短视频中的语音添加为短视频的字幕。点击工具栏中的"文本"按钮，在下方就会出现"新建文本""识别字幕""识别歌词"和"添加贴纸"四个按钮。如果短视频素材中没有配音，就需要点击"新建文本"按钮，为短视频添加字幕；如果短视频素材自带配音，则要点击"识别字幕"按钮，软件就能根据短视频中的声音自动识别并添加字幕。

由于我们导入的这个短视频已经有配音，所以就直接点击"识别字幕"按钮，此时界面弹出"自动识别字幕"对话框，如果你的短视频中已有字幕，则可以点击"同时清空已有字幕"单选按钮，先清空已有的字幕，再点击"开始识别"按钮，如下图所示。

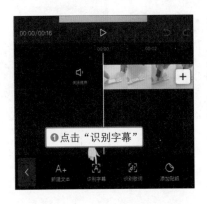

点击"开始识别"按钮，界面上方会出现"字幕识别中"字样，在识别完成后，在短视频画面下方位置就会出现识别出来的文本，并且在短视频轨道下方显示字幕素材，如下图所示。

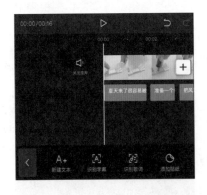

"识别字幕"转换出来的文字默认字体为黑体，填充色为白色并使用黑色对其进行描边。我们可以根据画面的整体效果，再对文字的字体、色彩、字间距等进行调整。点击时间轴中的字幕素材，然后点击下方的"样式"按钮，如下左图所示，打开"样式"列表，列表包括"键盘""样式""花字""气泡"和"动画"五个按钮，如下右图所示，点击不同的按钮可以展开不同的选项卡。

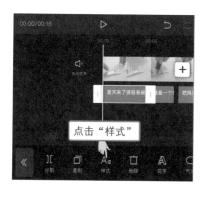
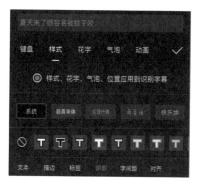

默认展开"样式"选项卡，在此选项卡中除了可以对文字的字体、描边色彩进行更改外，还可以点击下方的"标签""阴影""字间距"和"对齐"等标签，为文字添加背景、添加阴影、调整间距和文字的对齐方式。

如下图所示，为了让文字变得更清楚，点击"新青年体"标签，设置为更粗一些的字体，再点击"描边"标签左上侧的"无"按钮，去除默认黑色描边效果。接下来点击"标签"标签，在展开的选项卡中将文字背景色设为橙色，突出白色的文字内容，点击"字间距"标签，向右拖动小圆圈，加大字间距，提升文字观感。

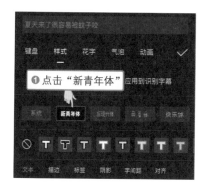
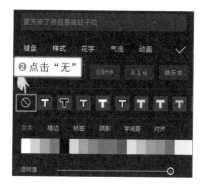
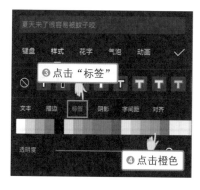
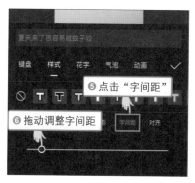

设置完成后，点击"导出"视频。播放导出的短视频，可以看到在短视频中显示出来的字幕文本，如下图所示。需要注意的是，如果只想将文字字体、样式应用于选中的字幕，而其他的字幕不做更改，可以点击"样式"选项卡中的"样式、花字、气泡、位置应用到识别字幕"单选按钮，取消其选中状态。

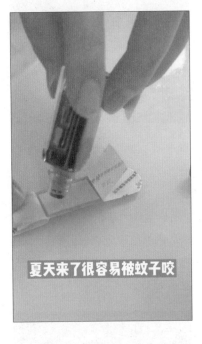
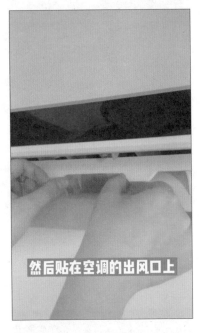

2. 利用快影将语音转换为字幕

作为快手官方的短视频剪辑软件，快影也为用户提供了"语音转字幕"的功能。使用"语音转字幕"的功能转换字幕时，可以选择识别字幕的来源，包含视频原声、添加的音乐或者添加的录音等。

打开快影界面，点击上方的"剪辑"按钮，如下左图所示，选择已经配音的短视频素材，将该素材添加到项目中，如下右图所示。添加短视频素材后，下面就将短视频素材中的原声转换为字幕。

点击工具栏中的"字幕"按钮，如下左图所示，在其上方会出现"语音转字幕""加字幕"和"文字贴纸"三个按钮。由于这里我们导入的是一个已配音的视频素材，所以直接点击"语音转字幕"按钮，如下右图所示。

接下来就要选择识别字幕的来源，默认选择"视频原声"，这里不用再做修改，点击右下角的"开始识别"按钮，如下左图所示，开始识别视频原声并自动转换为字幕，转换完成后，在画面中会出现字幕文字，并在短视频轨道下显示字幕层，如下右图所示。

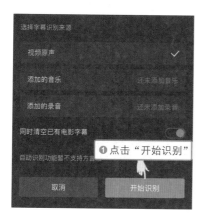

与剪映一样，对于转换的字幕文本，也可以更改其字体、样式或设置花字效果等。不同的是，快影中的花字效果会比剪映中的少一些。如下左图所示即选中字幕层，更改字体和设置花字，并将其应用于所有字幕。将处理后的字幕导出，播放短视频时就能看到短视频下面清晰的字幕文字，如下右图所示。

9.3 识别歌词，提取音频歌词内容

很多人在观看短视频的时候，发现有些短视频中的音乐会带有歌词字幕，这种带歌词字幕的短视频是怎么制作的呢？其实非常简单，只需要使用剪映中的"识别歌词"功能，就可以自动识别短视频或音频中的歌词内容，并将其转换为字幕。

打开剪映界面，添加一段拍摄好的短视频到项目中，并使用前面介绍过的添加音频文件的方法为短视频添加上合适的背景音乐，如下左图所示，点击工具栏中的"文本"按钮，这里我们要添加短视频音频素材中的歌词内容，因此点击"识别歌词"按钮，如下右图所示。

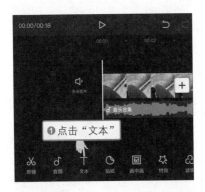

弹出"识别歌词"对话框，同样，这里如果短视频中已有歌词，则可以点击"同时清空已有歌词"单选按钮。先清除短视频中已有歌词，点击"开始识别"按钮，如下左图所示。识别音频素材中的歌词并转换为字幕，在短视频画面中即显示歌词，同时在短视频轨道下显示字幕，如下右图所示。

　　识别出来的歌词字体太小，不利于观看，所以我们要将歌词的字体放大一些。点击时间轴中的字幕，如下左图所示，然后点击歌词右下角的"扩展"●按钮，使用双指向外拖动放大歌词，如下右图所示。

　　放大歌词文本后，如果对字体效果还不满意，那么可以尝试剪映中提供的花字。花字是系统预先设置好的字体效果，点击"花字"选项卡中的选项即可对选中的字幕应用相应的花字效果。如果短视频中没有添加字幕，那么可以直接点击其中一种花字效果，然后将文字修改成自己想要的即可。

　　在时间轴中选中字幕，点击工具栏中的"样式"按钮，点击"花字"标签，展开"花字"选项卡，在展开的选项卡中可以看到剪映预设的大量的花字效果，如下左图所示，点击其中一种花字效果，在预览区域就能看到应用了花字的歌词，如下右图所示。

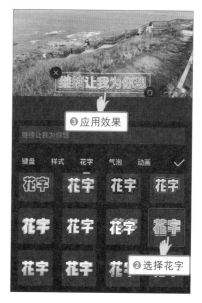

9.4 弹跳字幕，让短视频变得更加有趣

弹跳字幕就是在出现的字幕上方设置有弹跳的动画效果的字幕。由于弹跳字幕视觉效果明显，所以在短视频中应用弹跳字幕能够让字幕显得更有韵律和节奏感。例如抖音上的很多短视频创作者就在自己的短视频中添加了爱心弹跳和音符弹跳这两种弹跳字幕效果，如下图所示。

以剪映为例，设置弹跳字幕的方法比较简单，只需要先在时间轴中选中要设置弹跳效果的字幕，然后点击工具栏中的"动画"按钮，如下左图所示。打开"动画"列表，"入场动画"包含"爱心弹跳"和"音符弹跳"两种弹跳入场动画效果，点击"音符弹跳"按钮，对歌词应用音符弹跳效果，如下右图所示。

预览弹跳效果，会发现弹跳动画时间较短，与歌曲演唱节奏不一致，所以还要调整弹跳动画时间，方法就是拖动下方的蓝色小箭头。如下左图所示，这里我们要让动画持续到歌词结束，所以直接将小箭头拖动到最右侧。设置后点击短视频下方的"播放"按钮，播放短视频，当播放到设置了"音符弹跳"入场动画位置时，在歌曲上方就会显示出弹跳的音符，如下右图所示。

9.5　几秒搞定酷炫打字机效果

除了"爱心弹跳"和"音符弹跳"字幕外，还有其他一些新奇的字幕效果，比如大家比较熟悉的打字机字幕效果。所谓打字机字幕效果，就是短视频画面中的字幕像我们平时打字一样，一个字一个字地出现。下图所示的短视频添加的就是这种打字机字幕效果。

一些手机短视频后期处理软件中提供了打字机动画功能，只需要点击这些相应的动画按钮，就可以制作类似打字机字幕效果。下面以剪映为例，介绍如何在短视频中添加打字机字幕效果。

将需要添加字幕的短视频素材导入项目中，点击工具栏中的"文本"按钮，如下左图所示，然后点击"新建文本"按钮，如下右图所示。

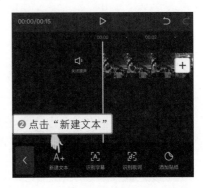

在弹出的文本框中输入想要显示的字幕文字，这里我们想要输入中文字幕"岁月匆匆"和英文字幕"The years have passed"。

输入字幕文本时，先输入中文字幕，再按下键盘中的换行键，换行并切换为英文输入法，输入英文字幕，如下左图所示。对于输入的字幕文本，需要再对字体进行更改，为了让输入的文字更有文艺气息，点击"启功行楷"标签，最后通过拖动，将更改后的文字移到上面模糊的背景区域，如下右图所示。

接下来就为输入的文字添加打字机动画。点击"动画"标签，向左滑动"入场动画"标签，可以看到剪映的三种打字机动画功能，点击"打字机 I"按钮，选择其中一种打字机动画，如下左图所示，选择动画后，在短视频中可以预览效果，如果文字出现的速

度与短视频画面的节奏不统一，可以再拖动下方的小箭头，以调整入场的快慢，值越小，文字出现的速度就越快。如下右图所示，我们将小箭头向右拖动到 1 秒左右的位置，让文字出现的速度更慢一些，点击"确定"☑按钮，确认动画效果。

为了营造更逼真的打字效果，还可以为打字机动画添加音效。点击工具栏中的"音频"，点击"音效"按钮，如下左图所示，然后点击"机械"标签，在此类别下就预设了几种打字的声音，我们可以逐一去试听，然后选择其中一种，点击"使用"按钮即可，如下右图所示。对于添加的音效，需要对其进行裁剪，让音效出现的时间与画面中文字显示的时间一致。前面章节我们已介绍过如何剪辑和分割音频素材，这里就不再详细讲解了。

使用剪映软件为短视频添加字幕后，还可以将添加的字幕读出来。其操作方法比较简单，选中时间轴中的字幕素材，然后点击工具栏中的"文本朗读"按钮即可。在朗读字幕的时候，我们还可以选取不同的声音，如"动漫小新""萌娃""小姐姐"等。

9.6 渐隐字幕，增强画面意境效果

为了让字幕的出现和消失不那么突兀，很多短视频创作者会为短视频中的字幕设置渐隐字幕效果。渐隐字幕就是让字幕在出现或消失的过程中，不断地变换透明度，使字幕逐渐显示出来或者逐渐隐藏起来，如下图所示的这几个短视频画面。

接下来我们在上一个实例的基础上为字幕设置渐隐出场动画效果。点击工具栏中的"文本"按钮，如下左图所示，在时间轴中显示字幕素材，并选中字幕素材，点击工具栏中的"样式"按钮，如下右图所示。

打开"样式"列表，点击其中的"动画"标签，展开"动画"选项卡，点击"出场动画"选项，如下左图所示，在"出场动画"选项下包含多种不同的出场动画效果，根据效果点击其中的"渐隐"出场动画按钮。选择出场动画后，同样可以调整出场动画时间，将小箭头向左拖动到 0.7 秒位置，延长字幕渐隐出场的时间，如下右图所示。

9.7 变色歌词，就是这么好看

在传统的音乐视频（Music Video，MV）中，我们经常能见到跟随音乐的变色歌词，这些歌词会逐渐变色，直到一句唱完，进入下一句后又出现歌词色彩变化。这种效果也常常出现在带有歌曲的短视频中，随着歌曲的进行，歌词字幕随之变化，效果如下图所示。下面对这种类型的字幕效果的制作进行具体介绍。

制作变色歌词字幕有两种比较常用的方法：一种是直接在短视频平台中进行操作，另一种则是通过视频剪辑软件来实现。下面分别为大家介绍具体的操作过程。

1. 使用抖音制作双排歌词字幕

很多玩抖音的用户发现，抖音中很多短视频都使用双排歌词字幕。这种将画面和音乐结合起来的短视频，能够给用户更强的代入感。

双排歌词字幕的制作方法比较简单，进入抖音的视频拍摄界面，拍摄一个短视频，或者点击上传拍摄好的短视频。这里我们已经拍摄好了一段，所以点击"相册"按钮，如下左图所示，从相机中导入短视频素材，然后点击"贴纸"按钮，如下右图所示。

在新开的界面中点击下方的"歌词"按钮，如下左图所示，打开"选择音乐"界面，在界面的搜索框中输入要使用的歌曲名称，点击"搜索"按钮，搜索歌曲。点击搜索框下方列表中的歌曲，先试听一下效果，看看是否是自己要使用的歌曲，如果是，就点击右侧的"使用"按钮，如下右图所示，在短视频中使用这个歌曲以及相应的歌词。

　　返回短视频编辑页面，能听到相应的歌曲，并在画面中显示与之对应的歌词，如下左图所示。这里我们要将歌词设置为 MV 效果，所以点击画面中出现的歌词，然后在下方会显示多种歌词样式，点击"卡拉 OK"按钮，如下右图所示。

　　默认"卡拉 OK"歌词颜色为蓝色，我们也可以根据自己的喜好或画面色调更改文字的颜色。点击歌词样式上方的"颜色"按钮，如下左图所示，在它的左侧就会显示多种颜色的图标，点击某一图标即可更改歌词的颜色。如果感觉歌词在中间不太好看，也可以拖动它到其他的位置上。如下右图所示，点击"红色"按钮，将歌词更改为红色，然后移到画面下方位置。

2. 使用剪映制作单排字幕

使用抖音中的"贴纸"功能只能制作双排歌词字幕，如果我们要调整字幕，就需要借助其他视频后期剪辑软件，如抖音官方推荐的剪映软件。剪映软件同样也提供了"卡拉 OK"动画功能，应用此动画功能就能在短视频中加入单排歌词字幕。

打开剪映界面，导入拍摄好的短视频并为短视频添加背景音乐。这里可能很多人会使用"识别歌曲"功能的方法直接读取歌词，但是要知道，读取的歌词大都出现在画面中间的位置，为了保证准确性，一般要逐个调整位置，使每一句歌词都准确出现在开唱的位置，这样操作起来很麻烦。所以，为了避免这种情况，可以通过"踩点"的方式来处理。

音频踩点的方式前面详细介绍过，这里就不再赘述。选中时间轴中的音频素材，点击"踩点"按钮，如下左图所示。然后移动时间线，分别在每一句歌词开唱的位置添加一个点进行标记，如下右图所示。

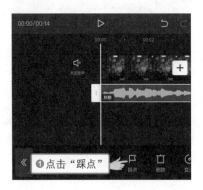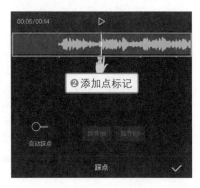

踩点完成后再返回主菜单，将光标移到第一句歌词标记位置，点击"文本"标签，点击"新建文本"按钮，如下左图所示，输入对应的歌词，先更改歌词字体，将其设为"启功行楷"字体，再用双指拖动将文字稍微放大一点，如下右图所示。

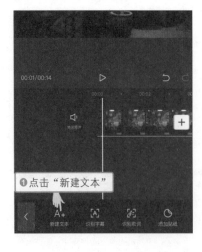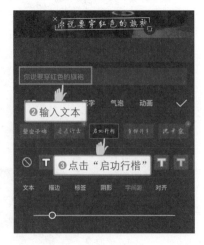

　　接下来点击右侧的"动画"标签，展开"动画"选项卡，向左滑动"入场动画"标签，找到"卡拉 OK"动画，点击"动画"标签，如下左图所示，预览一下效果，确认无误，就点击"确定"按钮，这时点击短视频下方的"播放"按钮，可以看到歌词在演唱的时候字幕随之产生的颜色变化，如下右图所示。如果感觉字幕播放的时间长短不合适，在这个时候就需要选中时间轴中的字幕，然后左右拖动，延长或缩短字幕播放的时间。

　　当我们为第一句歌词设置"卡拉 OK"动画后，接下来的几句歌词的设置就比较简单了，只需要复制歌词，更改歌词内容即可。复制歌词时，原歌词中的字体、颜色、动画都将保留下来。如下左图所示，点击选中时间轴中的第一句歌词，点击"复制"按钮，复制歌词，如下右图所示。

将复制的歌词拖动到第二句标记点位置，在时间轴中选中复制的字幕，使画面中的字幕变为选中状态，点击字幕右上角的"编辑" ✎图标，重新输入第二句歌词内容。采用这样的方式，可以完成短视频后面部分歌词的添加。

9.8 镂空文字，你的短视频还可以这样玩

简单来说，镂空文字就是画面中的文字呈现为镂空的状态，并以文字形状显示短视频画面，如下图所示的这两个短视频画面。镂空文字效果常用于短视频片头，因其在表现手法上非常独特，因此很容易吸引眼球并获得关注。

制作炫酷的镂空字幕放大开场效果，主要应用字幕工具在画面中输入所需的文字，并通过关键帧设置，改变文字的大小，下面介绍操作方法。

打开剪映界面，点击"开始创作"按钮，然后在素材库中点击"黑白场"标签，选择黑色图片素材，点击"添加"按钮，添加黑色图片作为背景，点击工具栏中的"文本"按钮，点击"新建文本"按钮，如下图所示。

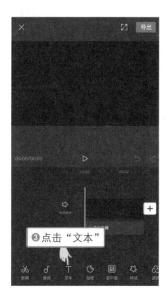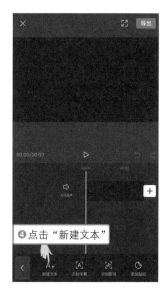

输入想要的文字，根据添加的短视频素材，这里我们输入英文"summer"，如下左图所示，然后更改输入文字的字体，为了视觉效果更好，尽量选择一款比较粗的文字。输入文字后，将文字稍微放大，点击"导出"按钮，导出字幕素材备用，如下右图所示。

新建一个项目，将导出的字幕素材重新导入新项目，点击工具栏中的"画中画"按钮，点击"新增画中画"按钮，导入一段拍摄好的短视频，导入项目在页面上方会显示新导入的短视频素材，这个短视频素材会遮挡上方的字幕素材，如下图所示。

由于导入的短视频素材没有填满屏幕，所以会看到边缘的黑色背景，还需要使用双指拖动将短视频放大至满屏。接下来要显示被遮挡的字幕素材，这可以通过更改混合模式实现。点击工具栏中的"混合模式"按钮，如下左图所示，然后在下方选择"变暗"混合模式，比较当前视频层与字幕层的像素，显示二者中更暗的像素，从而呈现镂空的文字效果，如下右图所示。

选中时间轴中的字幕素材轨道，将时间线移到开始位置，点击"添加关键帧"按钮，在字幕开始位置添加第一个关键帧，然后后移时间线到适当的位置，这里我们将其移到大约 3.0 秒的位置，缩小字幕素材，此时在 3.0 秒所在位置自动添加第二个关键帧，如下图所示。

　　继续向后移动时间线至合适的位置，如下左图所示，使用双指拖动放大字幕素材，直到短视频完全显示为止。同样，这里也会在时间线所在位置添加一个关键帧，如下右图所示。点击"播放"按钮，播放预览短视频效果，发现短视频播放到字幕素材结束的位置后会显示为黑屏背景，而下方的短视频画面不会出现，我们可以再对其进行调整。

　　将时间线移到字幕素材结束的位置，选中时间轴中的短视频素材轨道，点击工具栏中的"分割"按钮，从时间线位置分割短视频素材，然后选中分割出来的后一段短视频素材，点击"混合模式"按钮，将这一段短视频素材的混合模式还原为"正常"模式，再次播放短视频时，就可看到后面部分的短视频画面了。

第 10 章

转场+特效
——让短视频效果加倍

在短视频制作中，我们常常会为短视频中的转场和特效惊叹。转场是指两个场景之间的转换技巧，实现场景或情节之间的过渡；特效则是指通过后期处理制作出的现实中一般不会出现的特殊效果。目前，很多视频剪辑软件都预设了丰富的转场与特效功能，在编辑短视频的过程中，只需要点击按钮就能应用这些转场与特效功能。

80%

10.1 使用片头、片尾，提高短视频完整性

在短视频中添加片头和片尾，可以让一段短视频变得更完整。很多简单的视频剪辑工具也可以轻松为短视频添加片头、片尾，这里我们分别以 VUE 软件和快剪辑软件为例来为大家讲解如何为短视频添加片头、片尾。

1. 使用 VUE 快速为短视频加片头、片尾

VUE 作为一款十分好用的手机视频剪辑软件，它提供了几种比较实用的片头、片尾模板，这些模板比较适用于旅拍类短视频，用户只需要点击模板并输入相应的文字就能轻松完成短视频片头、片尾的制作。

打开 VUE 界面，点击主页中的"相机"◙图标，再点击"剪辑"按钮，打开手机相册，找到并选择拍摄好的几段短视频素材，如下图所示，点击"导入"按钮，导入选择的几段素材。

进入短视频编辑界面，此界面会按照选择的顺序依次显示导入的几段素材。要为短视频添加片头，点击第一段素材前方的"添加片头"按钮，如下左图所示，打开"选择片头样式"界面，在页面下方显示了 VUE 预设的几种片头模板，如下右图所示，这里我们想要在片头的位置预览几段短视频效果，所以点击第三个片头样式。

在打开的新界面中能够预览未替换图像时的片头效果，如果确定要使用该片头样式，只需要点击"选择此样式"按钮，进入"填写片头信息"界面，在该界面中根据短视频的主题和内容，填写片头信息，再点击"下一步"按钮，在打开的新界面中点击"添加此片头"按钮，完成短视频片头的制作。

完成片头的制作后，还可以为短视频添加片尾。片尾的添加方法与片头的添加方法比较类似，先滑动时间轴至最后一段短视频位置，点击短视频后方的"添加片尾"按钮，如下左图所示，打开"选择片尾样式"界面，如下中图所示，在页面中点击选择一种片尾样式，然后根据提示输入相应片尾信息即可，如下右图所示。

2. 使用快剪辑软件创建个性化片头、片尾

使用模板虽然可以快速为短视频添加片头、片尾，但是应用模板制作的片头、片尾效果毕竟非常有限，而且也不一定适合自己的短视频内容。所以，很多时候还是需要手动为短视频设置片头、片尾。在快剪辑软件中的"装饰"功能提供了很多不同风格的片头、片尾图标，点击这些图标并对其做进一步的编辑，能够制作出更加个性化的短视频片头和片尾。

打开快剪辑界面，点击"开始剪辑"按钮，如下左图所示，打开手机相册，这里选择一张图片作为短视频的片头，所以点击"图片"图标，在下方点击要添加的图片，如下中图所示，然后点击"视频"图标，在下方点击拍摄的短视频片段，如下右图所示，最后点击"导入"按钮，导入图片和短视频素材。

在时间轴中显示导入的图片和短视频，如下右图所示。这里要在短视频开始时添加文字动画片头，所以将时间线移到短视频开始的位置，点击工具栏中的"装饰"按钮，打开"装饰"界面，素材是旅行时拍摄的一段风景类短视频，因此点击"VLOG专区"标签，在下方选择一个比较适合短视频内容的文字特效，如下右图所示。

在时间轴中显示添加的装饰文字,同时画面中的文字显示为选中状态,如下左图所示。由于只要在短视频前 3 秒的图片上添加片头文字的效果,所以应确保文字片头为选中状态时,将片头文字的末尾位置向左拖曳,缩短其时长,如下右图所示,至此就完成一个简单的短视频片头的制作。

一个实用又别具风格的原创片尾是提高短视频关注度和点击量的重要因素。所以,很多短视频创作者会选择自制原创片尾,这类片尾制作时需要注意整个版面的舒适度,不要放太多的信息,并且不可过于凌乱。下面我们应用快剪辑软件制作比较热门的片尾。

在制作之前，首先要准备好一张自己喜欢的照片或图片当头像，之后在制作好的短视频基础上，预留 3 秒左右的时间片段来制作短视频的片尾。

如下左图所示，我们准备了一个黑屏素材作为片尾背景，所以点击时间轴右侧的"添加"➕按钮，在弹出的菜单中点击"视频/图片"选项，打开手机相册，在相册中找到添加的黑屏素材，如下右图所示，点击"导入"按钮。

导入黑屏素材，接下来在这个素材上添加关注头像。点击工具栏中的"画中画"按钮，如下左图所示，打开手机相册，点击我们之前准确好的用于关注的图片，如下右图所示，点击"导入"按钮，导入素材。

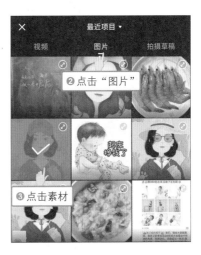

导入素材后，默认会选中这个导入的图片素材，这时，需要先点击时间轴中留白的区域，取消其选中状态，然后再次点击工具栏中的"装饰"按钮，如下左图所示，打开

"装饰"界面，在界面中的"网红特效"下即可看到关注特效，如下右图所示，点击即可在短视频中应用该特效。

添加创意头像特效之后，我们看到添加的特效大小不是很合适，下方人物两侧还有留白的部分，如下左图所示。所以，我们要将其选中，然后在画幕上用双指向内拖曳，将其缩小，使得下方的关注头像能完全填满圆形中间的区域，如下右图所示。制作片头关注特效时，需要注意添加"画中画"和"装饰"的顺序一定不要出错。

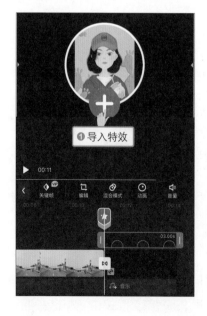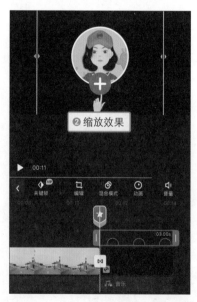

10.2 短视频转场，让人目不转睛的惊喜

转场是连接两个短视频片段的桥梁，起到一个过渡或承上启下的作用。在一个短视频中，合理地应用转场可以大大增加短视频作品的感染力。短视频的转场主要分为非技巧转场和技巧转场两类。

非技巧转场是指不是由后期制作出来的场景切换，它是在短视频拍摄的过程中用镜头实现的场景转换，比如两个镜头之间的转场、同一场景之间的转场、遮挡镜头实现的转场等。技巧转场是指通过后期处理制作出来的场景转换，比如叠化、淡入淡出、画面翻转等。很多手机视频处理软件都提供了多种不同类型的转场效果，如下图所示，分别为快剪辑和剪映中预设的转场效果。

对已经拍摄好的短视频，想采用非技巧转场肯定是不可能的，所以这时就需要用手机视频处理软件为短视频添加技巧转场，所以本节所介绍的转场都是围绕技巧转场展开的。下面以快剪辑软件为例，介绍如何为短视频添加转场效果。

打开快剪辑界面，导入多段短视频素材，进入视频编辑界面，点击两个短视频片段之间的"转场"▧按钮，打开"转场"列表，在其中点击任意一个转场效果，即可在片段之间应用该转场效果。如下左图所示，点击第一个短视频片段和第二个短视频片段中间的"转场"▧按钮，然后点击"精选"标签，在展开的列表中点击"淡入淡出"图标，如下右图所示，即可在两段短视频之间应用"淡入淡出"转场效果。

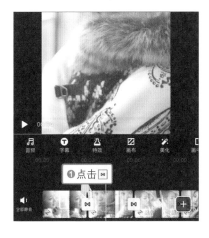
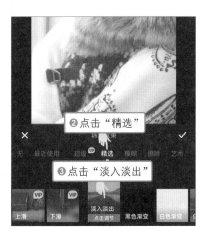

在两个片段之间添加转场效果后，可以再对转场效果持续的时间进行调整。在"转场"列表中再次点击应用的"转场"图标，即可调出相应的滑块，如下左图所示，能看到默认转场效果持续的时间为 1 秒，我们左、右拖曳滑块来控制转场效果持续的时间，如下右图所示。需要注意的是，持续时间越短，转场特效速度越快；反之，持续时间越长，转场特效速度越慢。另外，如果我们想要在短视频中使用同一个转场特效，只需要点击"应用到全部"按钮，然后点击"确定"✅按钮即可。

点击"应用到全部"按钮可以批量为多段短视频添加同一种转场效果，这种操作方法比较省时、省力，不需要对每个转场都重复一遍操作。如果想使短视频的转场切换效果统一，就可以采用这种方式。

如果不想采用已设置的转场效果，可以将其删除或重新选择转场。点击两个短视频片段之间的"转场"⚹按钮，打开"转场"列表，就可以重新为两段短视频选择转场；如果需要去掉某两个片段之间添加的转场特效，只需要点击"转场"列表中的"无"选项即可。

需要注意的是，既然转场是场景之间的转换，那么在数量上就有一定的规定，必须是两段或两段以上的短视频才能运用转场。

转场是带有承接意义的，单段短视频是不存在承接关系的，就以短视频中的某一帧为例，这一帧所定格的画面只能是这一帧的事物，无法再做改变。同理，对单段短视频而言，短视频中的每一帧画面也都是确定的，不存在过渡的问题，而只有两段或多段短视频之间才存在承接关系。

10.3 动画设置，制作短视频抖动效果

简单来说，短视频抖动效果就是给短视频画面添加一种动态的行为，让短视频画面在播放的时候出现抖动，而不是静止的状态。应用这种效果的目的是让短视频画面变得更加生动、丰富。

要制作短视频抖动效果，首先需要导入相应的短视频素材，如下左图所示，我们导入三张图片短视频，然后点击工具栏中的"动画"按钮，打开"动画"列表，可以看到列表中包含"组合""入场"和"出场"三类动画效果，如下右图所示。其中"组合"动画包含入场动画和出场动画，如果只需要设置入场动画或出场动画，则需要点击"入场"或"出场"标签，分别在下方选择要应用的动画。

如下左图所示，我们要对选中的素材应用入场动画，就可以点击"入场"标签，点击该标签后，下方显示以供用户选择各种入场动画，向左滑动，选择"B08"特效，由上往下坠落抖动动画，如下右图所示。在选择一种动画效果后，可根据短视频和音频节奏拖曳"动画时长"滑块来控制动画持续的时间。如果你想要短视频的节奏感更强，则可以将动画效果持续时间设置得短一点；如果你想要较舒缓一些的效果，则可以将动画效果持续时间设置得长一点。

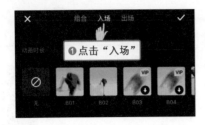
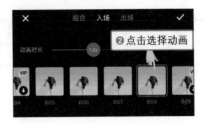

10.4 分屏效果，带来更多的惊喜与乐趣

分屏，顾名思义，就是将显示屏分割成若干个区域显示。使用分屏的主要目的是让更多的镜头画面同时展现出来。借助分屏技术，在功能方面，我们可以更加直观地比较和观看短视频中不同对象之间的差异，在效果方面，它能够给观众带来更多的惊喜与乐趣。例如，抖音上比较火的多个短视频同时进行播放的效果就是采用分屏方式制作出来的。接下来我们利用快剪辑制作同一短视频素材和不同短视频素材的分屏效果。

1．单一素材的分屏效果

打开快剪辑界面，导入一段使用横屏拍摄的短视频素材，如下左图所示，先点击工具栏中的"画布"按钮，在展开的"比例"选项下点击"9∶16"按钮，将画幅更改为竖画幅，如下中图所示，然后点击"背景"标签，对短视频背景进行更改，点击下方的"模糊"按钮，点击"确定"按钮，对素材进行模糊处理后用来做短视频的背景，如下右图所示。

返回首页，点击工具栏中的"特效"按钮，如下左图所示，打开"特效"列表，点击其中的"分屏"标签，点击"三屏Ⅱ"按钮，将短视频画面设置为竖向排列的三屏效果，如下右图所示。

在项目中添加"分屏"特效时，以当前时间线所在位置开始应用"分屏"特效，并且持续时间为3秒，如下左图所示。我们可以在选中"分屏"特效的情况下拖曳，调整"分屏"特效持续时间，如下右图所示，向右拖曳，将"分屏"特效对齐短视频画面结尾的位置。

要注意的是，当我们导入的是横屏素材时，一定要先将画幅比例调整为9：16，然后进行分屏效果的制作。如果直接在导入的横屏素材基础上应用"分屏"特效，则会导致短视频画面显示不完整。如下左图所示，点击工具栏中的"特效"按钮，然后在"分屏"选项卡下点击"三屏Ⅱ"选项，此时在画布显示的三屏效果如下右图所示，可以看到只显示原视频画面的一部分。

2. 不同素材的分屏设计

如果想让你的短视频与众不同，可以选择不同的原始素材来制作短视频分屏效果。一般情况下，想要用不同的素材制作分屏效果，可以通过添加画中画的方式，但是需要依次添加素材并对素材的大小和位置进行调整，这样操作起来有点麻烦。在快剪辑中，提供了分屏模板，可以直接套用模板，并通过导入素材的方式就能轻松实现不同的短视频素材的分屏效果。

打开"快剪辑"界面，点击首页中的"分屏"按钮，如下左图所示，进入分屏设置界面，在此界面中可以选择分屏画框样式，默认选择水平三分屏，如下右图所示。

点击"选择画框"右侧的"画幅比例"标签，在打开的界面中可以重新选择短视频画幅，一般选择 9 ：16 或 16 ： 9 的比例。这里为了与上面使用的相同素材制作的分屏形成对比效果，同样选择 9 ： 16 比例的竖画幅，如下左图所示，选择画幅后，点击画面中的"添加视频"标签，打开手机相册，在其中选择 3 段短视频素材，如下右图所示。

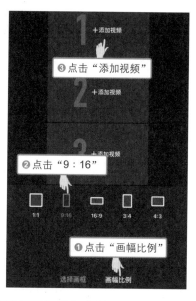

根据选择的短视频素材的顺序，将短视频依次添加到画框中，如下左图所示。如果导入的几段短视频素材时间不一致，则可以拖曳下方的时间轴，节选原短视频素材中的某一部分，如下右图所示，这样可使得添加的几段短视频素材的播放时间一致。调整好几段短视频的时长后，点击右上角的"生成"按钮，即可制作出使用多段素材的分屏效果。

10.5 画中画，制作奇幻的地裂特效

短视频特效是提高用户观看短视频时体验感的一个重要因素。吸引人的短视频除了有搞笑、煽情等特质外，一些炫酷的短视频特效也非常吸引人，比如地裂特效、碎屏特效、人物瞬移特效等。很多视频剪辑软件里都有特效模板素材，我们利用好这些素材模板，就能很快制作一个特效短视频，基本上能满足我们的特效需求。下面我们利用快剪辑软件来制作一个奇幻的地裂特效。

制作地裂特效前，首先准备地裂特效素材，在抖音中这类素材有很多。如下左图所示，在抖音搜索栏中输入"地裂特效素材"文本，找到一个自己喜欢的特效，点击它，进入视频播放界面，点击右侧的"分享"按钮，在打开的窗口中点击"保存至相册"按钮，就可以将短视频中的地裂特效存储到手机相册中，如下右图所示。

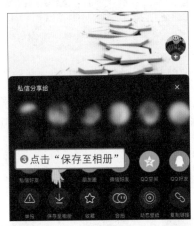

接下来可以直接拍摄一段地面的素材，也可以拍摄人物跺脚或捶打地面的短视频素材。然后打开快剪辑界面，将拍摄的短视频素材导入项目中，将时间线拖曳到人物捶打地面的位置，如下左图所示。

接下来导入手机相册中保存的地裂特效素材。当时间轴中的短视频素材未处于选中状态时，点击工具栏中的"画中画"按钮，如下左图所示，打开手机相册，找到前面我们存储的地裂特效素材，点击这个素材，如下右图所示，然后点击"导入"按钮，将地裂特效素材以画中画的方式导入项目中。

在时间轴中显示导入的地裂特效素材，此时的地裂特效素材是浮于拍摄的短视频画面上方的，需要设置混合模式使其与背景图像融合。点击工具栏中的"混合模式"按钮，在打开的"混合模式"列表中点击要应用的混合模式，这里选择"多倍"混合模式，这种混合模式下，地裂特效素材与背景图像融合更自然。

点击"播放"按钮，播放短视频，当播放到地裂特效素材位置时，能看到素材位置不合适，如下左图所示，这时，可以通过拖曳的方式调整素材所在的位置，并且可以用双指对地裂特效素材进行缩放，使其大小更符合整个场景画面，如下右图所示。

10.6 混合模式，设置有趣的分身效果

有趣的灵魂出窍效果在抖音上深受大家追捧。很多短视频创作者也加入这类视频效果的创作之中。灵魂出窍视频特效的制作主要通过画中画的方式将视频画面叠加，然后通过更改混合模式来实现。很多人物分身特效的制作也是采用类似的方式。如果在一个项目中需要使用同一景 别的多个短视频片段，在拍摄的时候一定要锁定画面曝光，使画面曝光度一致。接下来我们使用剪映来制作一个灵魂出窍的特效。

拍摄一段人物从长椅上起身的短视频素材，将这段素材导入剪映界面中，选中时间轴中的短视频素材，点击工具栏中的"定格"按钮，定格画面，如下图所示。

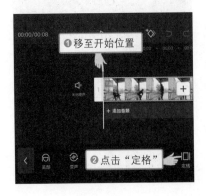 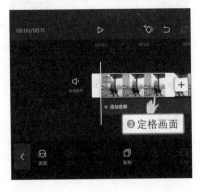

返回主界面，点击工具栏中的"画中画"按钮，如下左图所示，然后选中第二段素材，这里工作栏中会出现一个"切画中画"按钮，点击该按钮，将第二段素材切换为画中画，如下右图所示。

将切换的画中画短视频素材向左拖曳，让其与第二段素材对齐，如下左图所示，再选中第一段素材，从素材最右端开始向右拖曳，调整第一段素材的持续时间，让两段素材播放的时间一致，如下右图所示。

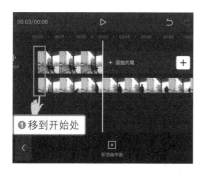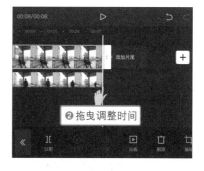

接下来更改第二段素材的混合模式，让其呈现出叠加的效果。在时间轴中选中第二段素材，点击工具栏中的"混合模式"按钮，如下左图所示，打开"混合模式"列表，左、右滑动可以查看这些混合模式。剪映一共提供了 16 种混合模式，不同的混合模式可以得到不同的画面效果。此外，在选择混合模式后，还可以对画中画图像的不透明度进行设置，更改画面的不透明度。如下右图所示，选择"变暗"混合模式，再将"不透明度"滑块向左拖曳到 50 的位置，得到半透明的短视频画面，这样简单的灵魂出窍效果就出来了。

10.7 特效+贴图，打造火爆手放烟花特效

在短视频中添加特效和动画贴纸可以增加短视频的趣味性，使短视频画面变得更加有趣。除此之外，还能让短视频的后期编辑更具个性化和灵活性。最近在"抖音"上比较有趣的手放烟花特效就是利用特效和贴纸来实现的。下面我们就使用剪映来制作一个绚丽的手放烟花特效。

首先打开"剪映"界面，导入拍摄的张开手掌的短视频素材，将时间线移到手张开处，点击工具栏中的"贴纸"按钮，打开"贴纸"列表，在此可以滑动查看剪映提供的各种不同的贴纸效果，如下图所示，点击"爱心爆炸贴纸"图标。

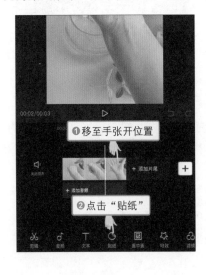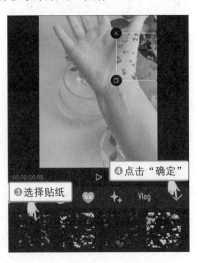

在画面中显示添加的贴纸,贴纸出现的位置是随机的,需要先将其移到手掌中心的位置,然后用双指拖曳将贴纸放大,让添加的贴纸动画覆盖全屏,如下左图所示,根据短视频画面的时长,向左拖曳贴纸,调整贴纸动画的持续时间,如下右图所示,最后点击"导出"按钮,导出短视频。

返回主界面,重新导入刚刚导出的短视频。将时间滑动到爱心爆炸贴纸出现的位置,点击工具栏中的"定格"按钮,如下左图所示,定格短视频画面,如下中图所示,选中定格画面后面多余的部分,点击"删除"按钮,如下右图所示,删除多余的内容。

  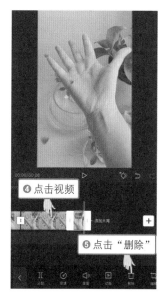

　　将时间线移到画面的开始位置，点击工具栏中的"特效"按钮，打开"特效"列表。为了呈现更浪漫、唯美的效果，点击其中的"梦幻"标签，在展开的选项中点击"星辰"图标，调整特效时长，使其对齐前一段短视频的结尾处，点击"返回"《按钮，点击工具栏中的"新增特效"按钮，再次打开"特效"列表，点击"动感"标签，在展开的选项卡中点击"抖动"图标，使得画面更有节奏感，如下图所示。

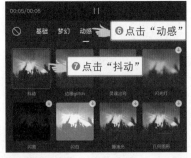

　　为了让画面更有动感，再点击"贴纸"按钮，在人物表情选项卡下点击"爱心贴纸"图标，点击工具栏中的"动画"按钮，选择"循环动画"里面的"心跳"按钮，如下图所示，调整贴纸动画时长即可，使用相同的操作方法添加更多跳动的爱心，这样一个富有节奏动感的手放烟花特效就完成了。

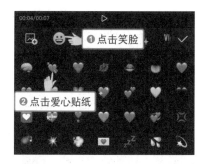
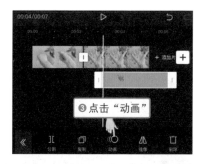

10.8 蒙版+画中画，制作创意九宫格卡点

前面章节中介绍了简单的卡点短视频制作，这里我们再介绍九宫格卡点短视频的制作。与普通卡点短视频制作方法不同的是，九宫格卡点短视频是在每个节奏点的位置中的一个格子内显示短视频画面，这种卡点短视频的节奏感更强。其制作方法主要用到剪映中的蒙版和画中画功能。

打开剪映界面，首先导入手机中的九宫格图片素材，然后导入一段节奏感比较强的背景音乐，如下左图所示，采用前面介绍过的"自动踩点"功能，对音频素材进行踩点。为让画面切换速度加快，这里点击"踩节拍Ⅱ"标签，如下右图所示。

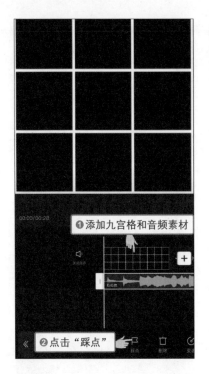

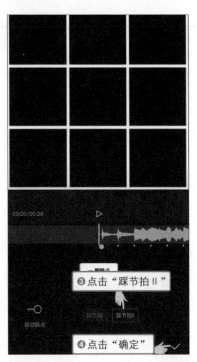

返回主界面，点击"画中画"按钮，导入一张拍摄好的照片。我们要让导入的照片与九宫格素材长宽比一致，因此先对素材进行裁剪。

在时间轴中选中素材，点击工具栏中的"编辑"按钮，如下左图所示，在弹出的工具栏中点击"裁剪"按钮，如下中图所示，然后在弹出的裁剪页面中点击"1：1"长宽比，点击"确定"按钮，裁剪照片，如下右图所示。

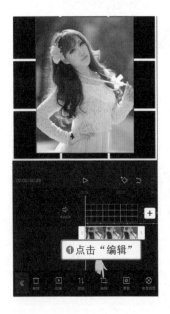

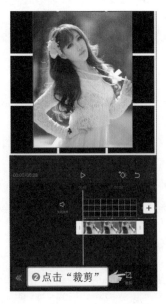

使用双指拖曳放大裁剪后的照片，使其填满整个屏幕，如下左图所示，返回主界面，点击工具栏中的"混合模式"按钮，打开"混合模式"列表，点击"滤色"图标，选好混合模式，叠加图像，在九宫格内显示照片效果，如下中图所示，再分别选中九宫格素材和照片素材，调整持续时间，让其与音乐播放时长一致，如下右图所示。

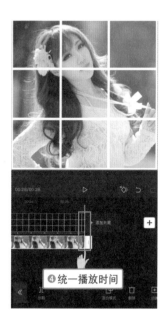

接下来我们要根据短视频节拍点对短视频进行分割，让每一个鼓点的位置显示九宫格中一个小方框中的画面。选中时间轴中的画中画素材，将时间线移到第一个鼓点所在位置，如下左图所示，点击工具栏中的"分割"按钮，分割素材，如下右图所示。

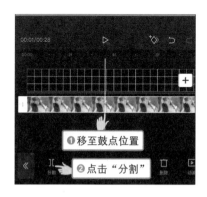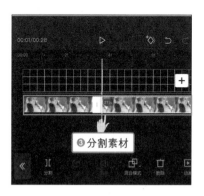

选中分割出来的第一段素材，点击工具栏中的"蒙版"按钮，如下左图所示，打开"蒙版"列表，由于九宫格中的每一个小方格都为正方形，所以这里我们点击"矩形"按钮，选择矩形形状的蒙版，如下右图所示。

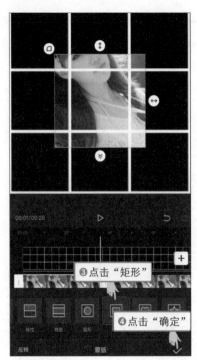

选择蒙版类型后，在画面中即可看到添加蒙版后的效果。可以根据要显示的画面区域对蒙版的大小、位置进行调整。如下左图所示，双指拖曳对添加的矩形蒙版进行缩小，使调整后的蒙版大小与其中一个小方格的大小一致，然后再将蒙版移到左上角第一个小方框位置，显示此方格中的图像，如下右图所示。

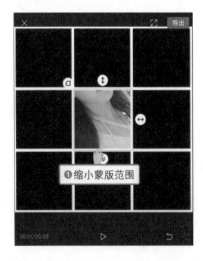

继续使用相同的方法，在其他的鼓点位置对素材进行分割，然后通过添加蒙版的方式，在每个鼓点显示一个不同方格内的图像。最后，为了让效果更加出色，可以再为其添加一些贴纸和动画效果。如下图所示，将时间线移到第二个鼓点位置，点击"贴纸"

按钮，打开"贴纸"列表，选择一种喜欢的贴纸，再将时间线移到最后一个全部画面出现的鼓点位置，点击工具栏中的"特效"按钮，打开"特效"列表，选择要应用的特效，这样就完成了一个创意九宫格卡点短视频的制作。

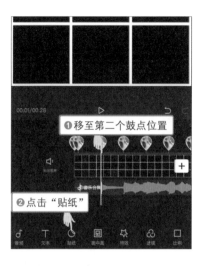

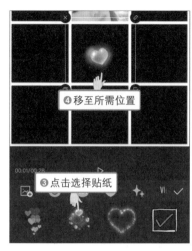

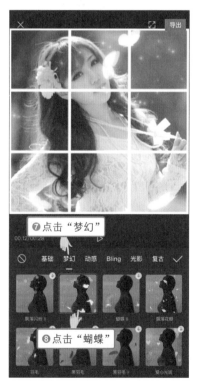

第11章

营销推广
——增加短视频变现的可能

　　随着短视频和新媒体的迅速发展，互联网行业的平台盈利模式也层出不穷。在制作完短视频后，我们需要将短视频分享、发布到各个平台之上，使其获得更多用户的关注，从而为短视频变现提供更多的可能。本章将介绍各个平台的特色，以及如何发布自己制作的短视频。

11.1 分享至朋友圈，让好友助力推广

　　微信作为目前国内最大的社交平台，拥有庞大的用户数量，而微信朋友圈更是人们日常社交的主要阵地。对短视频运营者来说，微信朋友圈虽然传播的范围较小，但是对接收者的影响程度来说，却具有其他平台无法比拟的优势，如用户黏性强，好友关联性、互动性强，用户多、覆盖面广等。所以，越来越多的商家也喜欢在微信朋友圈发布自己品牌的广告类短视频，提升品牌的影响力。

　　在朋友圈中进行短视频推广，运营者需要注意些什么呢？总的来说，以下三个方面是需要重点关注的。

　　首先，运营者在拍摄短视频时要注意开始时段画面的美观性。因为推送给朋友的短视频，是不能自主设置封面的，它显示的就是开始拍摄时的画面。当然，运营者也可以通过视频剪辑的方式保证推送短视频"封面"的美观性。

　　其次，运营者在推广短视频时要做好文字的描述。因为一般来说，呈现在朋友圈中的短视频，好友看到的第一眼就是其"封面"，没有太多信息让受众了解该短视频的内容。所以，在发布短视频之前，要把重要的信息放上去。如下左图所示，这个短视频描述的文字加起来还没有一行字，也没有说到重点，这样是没法吸引别人去看的。而下右图就完全不同，文中出现了"中秋送礼""10 斤 35 包邮"字样，虽然这是很常见的营销方式，但这样不仅可从文案中让大家了解短视频里面的内容，还可以吸引大家点击播放。

　　最后，运营者在推广短视频时要注意利用朋友圈的评论功能。如果朋友圈中的文本字数太多，则会被折叠起来，为了完整展示信息，运营者可以将发布短视频的重要信息放在评论区进行展示。其中下左图所示的是被叠加的文案，而下右图所示的是直接将文案放在评论区。这样就让浏览朋友圈的人能看到推送的有效文字信息了，这也是一种比较明智的推广短视频的方法。

前面我们介绍了微信朋友圈分享短视频需要注意的内容，接下来介绍如何通过微信朋友圈分享我们制作的短视频。首先打开微信界面，点击下方工具栏中的"发现"按钮，进入微信朋友圈，如下左图所示，点击右上角的"相机"按钮。由于前面我们已将需要分享的短视频存储到手机相册中，所以这里就点击"从手机相册选择"选项，如下右图所示。

在相机中找到要分享的短视频并点击它，进入短视频编辑界面，在界面下方会有多个编辑按钮，我们可以点击这些按钮，对短视频做进一步的编辑。如下左图所示，即点击"文本"按钮，在短视频中添加文字后的效果。点击右侧的"完成"按钮，进入朋友圈内容编辑界面，写下推荐语后点击"发表"按钮，如下右图所示，此时即可将短视频分享到微信朋友圈。

在微信朋友圈中发布推广短视频是有时长限制的，一般要求短视频时长不能超过15秒。因此，运营者如果想要实现快速分享，可以制作和选择那些时长不超过10秒的短视频。如果你想在微信朋友圈发布超过15秒，但不超过30秒的短视频，则需要先下载"微视"软件，获取"微视"内测发布30秒朋友圈短视频的资格，在获取内测资格后，再通过"微视"发短视频到朋友圈，这样，短视频就由15秒变为30秒。

短视频运营者在发布短视频时发现，很多短视频APP都有设置位置的功能，其实微信朋友圈也有这个功能。在分享和推广短视频时，将短视频发布者发布短视频时所在位置显示在发布的朋友圈上。当然，所在位置最好是大家向往和知名的地方，这样的朋友圈短视频往往会更加吸引人们的注意，如四川成都比较出名的太古里、宽窄巷子、青城山等。像这种比较出名的地方，容易吸引别人的目光，尤其是十分想去又没去过的人的目光。

大家在对即将发布到朋友圈的短视频进行定位设置时，一定要先开启手机中的定位功能，只有打开这个功能，才能搜索到大家所在的位置。如果没有打开，就可能无法实现定位功能。如右图所示，即为开启手机中的定位设置功能。

11.2 微信公众号，多样内容构建品牌

除微信朋友圈，微信公众号也是个人、企业等主体进行信息发布并通过运营来提升知名度和品牌形象的平台。运营者如果想要选择一个用户基数大的平台来推广自己的短视频，并且希望通过长期的内容积累来构建自己的品牌，那么微信公众号就是一个比较理想的传播平台。

通过微信公众号来推广短视频，除了对品牌形象的构建有较大促进作用外，它还有一个非常明显的优势，就是微信公众号推广内容的多样性。在微信公众号上，运营者如果想要进行短视频的推广，可以采用多种方式实现，其中使用最多的有"标题＋短视频"和"标题＋文本＋标题"两种方式，如下图所示。

然而，不管采用哪一种形式，都必须清楚地说明短视频的内容和主题思想。并且在进行推广时，不要仅仅局限于某一个短视频的推广，如果运营者打造的是有着相同主题的短视频系列，也可以把这些短视频组合在一篇文章中进行联合推广，这样更有助于受众了解短视频及其推广主题。

想要通过微信公众号发布和推广制作的短视频，先要创建自己的微信公众号，然后登录公众号。登录个人公众号后，可以从 PC 端浏览器进入后台上传并发布短视频，也可以通过下载订阅号助手 APP，在其中进行短视频的上传和发布。下面我们以订阅号助手 APP 为例，介绍微信公众号中短视频的上传和发布方法。

打开"订阅助手"界面，登录微信公众号，点击下方工具栏中的"发表"按钮，进入内容发表界面，如下左图所示，这里我们要发布短视频，所以点击"视频"选项，然后在手机相册中找到并点击要发布的短视频，如下中图所示。打开视频界面，在界面中点击"播放"按钮，播放查看视频效果，如果确认无误，就点击右上角的"完成"按钮，如下右图所示。

进入详细的视频发表界面，在此界面中需要输入短视频的标题和相关的视频介绍，如下左图所示，输入后，点击右上角的"发表"按钮，弹出"公众平台文章群发声明须知"提示框，点击其中的"我已阅读并遵守该声明"按钮，如下中图所示，开始上传短视频文件，上传成功后，只需要等待微信公众平台对上传的短视频进行审核，如下右图所示。通过审核的章节就可以对其进行群发，让更多人看到我们发布的内容。

11.3 QQ群与QQ空间，实现多途径推广

除了微信，我们比较常用的 QQ 也是一个比较适合短视频推广的平台。短视频运营者可以将拍摄、制作的短视频分享到 QQ 平台上。在 QQ 平台上进行短视频内容引流，可以通过 QQ 好友、QQ 群和 QQ 空间多种途径来实现。下面我们以 QQ 群和 QQ 空间为例介绍其短视频的分享方法。

1. QQ 群直达受众

在 QQ 群中，如果没有设置"消息免打扰"功能，群内任何人发布信息，群内其他人都可收到提示信息。所以，与朋友圈不同，通过 QQ 群推广短视频，可以让推广的短视频直达受众，受众关注和播放的可能性也就更大。由于 QQ 群内的用户都是基于一定目标、兴趣而聚集在一起的，所以，如果运营者推广的是专业类的短视频内容，那么就比较适合选择这一类平台。

目前，QQ 群有很多热门分类，短视频运营者可以通过查找同类群的方式加入 QQ 群，然后进行短视频的推广。QQ 群中发布和分享短视频的方法也比较简单，只需要进入 QQ 群，点击下方工具栏中的 📷 图标，打开手机相册，找到并点击要分享的短视频，然后点击"发送"按钮，如下左图所示，就可开始上传短视频，上传完成后，在 QQ 群中就能看到所分享的短视频，如下右图所示。

2. QQ 群多种方法推广

QQ 空间是短视频运营者可以充分利用起来的一个好平台。QQ 空间推广短视频的方法有很多，比如 QQ 空间小视频推广、QQ 空间说说推广、QQ 空间分享推广等。在利用 QQ 空间发布和分享短视频，首先要下载 QQ 空间软件，并使用已经注册的 QQ 号登录客户端。

◆ 通过 QQ 空间直接分享。QQ 空间的小视频平台中，有很多用户发布的短视频，与其他短视频平台一样，QQ 空间中可以对短视频进行点赞、转发和评论操作。唯一不

同的是，QQ空间中还提供了一个"秒转"的功能，当用户点击该功能时，平台就会直接将短视频转到用户的QQ空间中。如下左图所示，注册并进入QQ空间后，点击下方工具栏中的"小视频"按钮，即进入QQ空间的短视频界面，点击视频右侧的"秒转"按钮，将当前正在播放的短视频转到自己的QQ空间，如下右图所示。

◆ 自由发布短视频。QQ空间中，除了可转发分享别人的短视频作品外，也可以自由发布自己制作的短视频。点击工具栏中的"+"图标，然后在弹出的界面中点击"相册"按钮，如下左图所示，从手机相册中选择要分享的短视频，点击右下角的"确定"按钮，如下右图所示。如果手机相册中没有想要的短视频，则可以点击"拍摄"按钮拍摄短视频，并且可以为拍摄的短视频添加字幕和背景音乐。

进入"上传相册"界面，在界面上方输入视频标题文字，如下左图所示，输入后点击"上传"按钮，所选的视频就在"动态"界面中显示出来。在上传短视频前，为了提升短视频的观看质量，可以设置上传短视频的画质，这里提供了"正常"和"原画"两种画质功能，如下右图所示。"正常"画质下，短视频会经过一定的压缩，画质会下降；而"原画"画质下，原始视频画质将保留，视频画质不会有所损失。由于短视频本身的视频帧数就不多，所以建议选择"原画"画质。

11.4 邮件发送，更有针对性地推广短视频

电子邮件推广是将短视频通过邮件的方式分享给特定的好友。使用这种方式推广短视频，更加具有针对性，能实现一对一的视频交流，从而确保短视频的保密性和安全性。

关于短视频的电子邮件推广，在很多大家比较熟悉的短视频 APP 上都可以完成，如"抖音""美拍""西瓜视频"等。这里以抖音为例，介绍如何将一键实现邮件发送，分享短视频。打开抖音界面，在短视频界面点击右侧的"分享"按钮，弹出"私信分享给"窗口，点击"更多分享"按钮，如下图所示。

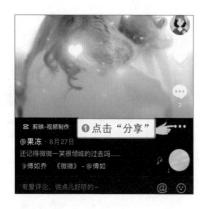 

跳转到相应的窗口，点击其中的"邮件"按钮，进入"Mail"界面，登录邮箱设置相关信息，即可完成短视频的分享和推广操作。将短视频通过邮件的方式发送给亲朋好友，虽然能有针对性、准确性地将短视频发送给想要发送的人，但是已经发送出去的邮件是无法撤回的，所以在通过邮件发送短视频之前，一定要认真、仔细地选择邮件的接收人，如下图所示。

11.5　微博分享，善于利用"@"和热门话题

现在较大的社交平台除了腾讯旗下的 QQ 和微信外，就是新浪微博。在微博平台上，运营者进行短视频推广时，除了利用微博用户基数大这个优势外，主要还依靠微博中的"@"和热门话题这两个功能。

首先，进行微博推广的过程中，"@"这个功能非常重要。在博文里可以"@"明星、媒体、企业，如果名人或媒体回复了你的内容，那么你就能借助他们的粉丝扩大自身的影响力。若明星在博文下方评论，则会受到很多粉丝及微博用户关注，那么短视频必然会被推广出去。如下图所示就是通过"@"某位明星来推广短视频和产品的。

其次，微博的"热门话题"专栏是一个制造热点的地方，也是聚集网民最多的地方。如果短视频运营者能够利用好这些话题，推广自己的短视频，发表自己的看法和感想，同样也是可以提高短视频的阅读量和浏览量的。微博话题在引用的时候需要用"#"框起来，其格式为"#话题#"。如下图所示的这两个短视频就是分别借助与内容相关的话题#不可辜负的美食#、#美食大V秀#和#十一出游好去处#、#国庆话题武林大会#来展开短视频推广的。

前面我们介绍了微博中推广短视频应用到的两个主要功能，接下来就以"热门话题"为例，上传一段自制的短视频吧。

首先，下载微博并登录个人账号，在微博界面点击工具栏中的"我"图标，进入个人中心界面，点击界面中的"创作中心"图标，进入"创作中心"界面。这里就可上传自己制作的短视频，点击"内容管理"区域下的"我的视频"选项，如下图所示。

进入"我的视频"界面，如下左图所示，点击下方的
"上传视频"标签，打开手机相册，从手机相册中找到
要上传的短视频，点击它就进入短视频编辑界面，如下
中图所示。在此界面不但可以预览短视频效果，还可以
为短视频添加音乐、调整音量和选择短视频图等。由于
我们上传的是编辑好的视频，所以直接点击右上角的"下
一步"按钮即可。

进入"发微博"界面，在这个界面中填写上传短视频的内容，包括短视频名称、分类、
标签等。首先我们在最上方输入短视频名称，为了让短视频获得更多关注，可以在标题
中加入热门话题，点击"#"按钮，如下左图所示。进入话题选择界面，如下中图所示，
在此界面中有"热门""美食""动漫"等多个话题种类，由于上传的短视频为美食类
短视频，所以点击左侧的"美食"标签，在展开的话题单中选择热门话题"#自制美食#"，
返回"发微博"界面，在短视频名称后即显示出对应的热门话题，如下右图所示。

一个短视频中，如果想要让更多的用户关注，可以同时蹭多个话题。如果需要增加
话题，则只需要再次点击"#"按钮，进入话题选择界面，在界面中继续选择话题即可。
如下左图所示，我们在"#自制美食#"这个话题的基础上叠加了"#不可辜负的美食#"

这个话题。完成微博标题的设置后，接下来可以填写短视频标题并选择短视频所属专辑，最后点击"发送"按钮即可，如下右图所示。

　　发布的短视频会依次显示在"视频"界面中，如下左图所示，点击它，进入"推荐"界面，在界面中播放并显示短视频效果，如下右图所示。

11.6　今日头条，完成短视频的矩阵布局

　　为了提升短视频营销的效果，在"今日头条"平台上分享短视频也是一种行之有

效的方法。因为其不容忽视的良好推广效果，所以有越来越多的短视频运营者选择在"今日头条"上注册自己的账号来推广短视频。

抖音短视频、"西瓜"短视频和抖音火山版短视频（火山小视频）这三个各有特色的短视频平台共同组成"今日头条"的短视频矩阵，同时，它们也汇聚了我国优质的短视频流量。也正是基于这三个平台的发展状态，"今日头条"这一资讯平台也逐渐成为推广短视频的重要阵地。在有着多个短视频入口的"今日头条"上推广短视频，为了提升宣传效果，需要运营者基于"今日头条"的特点掌握一定的技巧。

1. 热点和关键词提升推荐量

"今日头条"的推荐量是由智能推荐引擎机制决定的，一般有热点的短视频会优先获得推荐，并且热点时效性越高，推荐量也就越高，这种十分鲜明的个性化推荐直接决定了短视频的位置和播放量。所以，运营者想要提高短视频的推荐量，就要学会寻找平台上的热点和关键词。

2. 机器与人工严格把关

"今日头条"的短视频发布是由机器和人工二者共同把关的。首先，智能的引擎机制对内容进行关键词搜索审核；其次，平台编辑进行人工审核，确定短视频值得被推荐，才会推荐审核的文章。先是机器将文章推荐给可能感兴趣的用户，只有点击率高，才会进一步扩大范围将短视频推荐给更多相似的用户。

另外，由于短视频内容的初始审核是由机器执行的，所以运营者在使用热点或关键词取标题时，尽量不要使用语意不明的网络或非常规用语，以增加机器理解障碍，导致可能出现审核不过关，发布失败的情况。

3. 选择短视频的发布时间

发布短视频需要选择一个合适的时间。即使是相同内容的短视频，在不同的时间发布出来，得到的效果也是不一样的。总的来说，短视频的最佳发布时间是由用户习惯形成的。由广大用户的日常生活习惯来看，用户观看短视频的时间主要集中在早上 7：00~10：00、中午 11：00~14：00、下午 17：00~19：00 和晚上23：00~ 凌晨 1：00 这四个时间段，所以选择在这些时间段内发布短视频更易获得用户的关注。

如果我们制作的短视频错过了以上几个最佳发布时间段，可以利用短视频发布界面中的"定时"功能，指定短视频发布的时间来发布制作好的短视频。以"今日头条"为例，开启"定时"功能，点击下方的时间，在弹出的窗口中滑动定时滑块，设置短视频发布的时间。

在了解并掌握"今日头条"中发布短视频的相关技巧后,接下来介绍如何发布短视频。下载并进入"今日头条"界面,先要注册一个账户,然后在"首页"界面点击"小视频"标签,切换到"小视频"界面,在此界面下方显示有很多用户上传的短视频,如下左图所示。可以点击观看这些短视频,因为我们要上传短视频,所以直接点击右上角的"发布"按钮,弹出发布短视频窗口,点击其中的"发视频"按钮即可,如下右图所示。

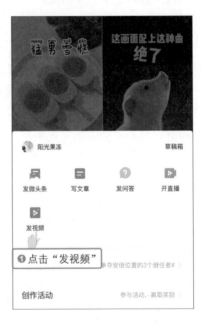

打开"手机相册"界面,如下左图所示,在"手机相册"界面中点击要发布的短视频,然后点击右上角的"下一步"按钮,进入短视频发布界面,在此界面中需要输入发布短视频的标题、设置封面等,如下中图所示。设置好以后,点击"发布"按钮,发布所选的短视频,如下右图所示。点击工具栏中"我的"按钮,进入个人中心界面,点击其中的"创作中心"按钮,在该界面中会显示所有发布的短视频,可以对其进行编辑和删除操作。

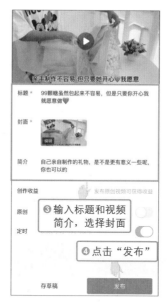

11.7 多平台分发，扩大内容影响力

上传短视频时，想要让更多的人看到你的短视频，还应对发布的短视频进行同步推广。同步推广是指在某一个平台中发布短视频时，将发布的短视频同步分享到其他平台之上，让更多的用户看到发布的短视频，从而扩大短视频内容的影响力。

进行同步推广，最简单快捷的方式就是在上传短视频的同时与其他平台绑定，做到同步分享。以抖音为例，抖音绑定的社交平台有很多，包含微信、QQ、微博、今日头条等。接下来介绍如何将抖音与其他平台绑定，以实现同步分享。

打开抖音界面，点击"我"按钮，进入个人中心界面，点击界面右下角的"设置"按钮，在弹出的列表中点击"设置"按钮，进入"设置"界面，点击界面中的"账号与安全"标签，如右图所示。

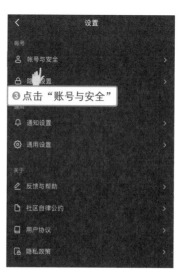

进入"账号与安全"界面，在此界面中可以看到自己的抖音号、绑定的手机号码等，点击其中的"第三方账号绑定"选项，如下左图所示。进入"第三方账号绑定"界面，这里就可以设置要绑定的第三方账号，如微信、QQ、微博等，如下右图所示。

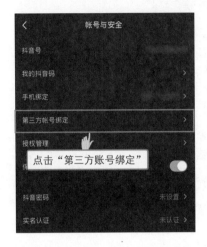

假如我们要将抖音与"今日头条"账号绑定起来，就点击"今日头条"标签，在弹出的提示框中点击"打开"按钮，如下左图所示。进入"抖音短视频今日头条授权登录"界面，点击"同意授权"按钮，如下中图所示，返回抖音"第三方账号绑定"界面，此时在界面下方会出现一个提示框，用户需要选择是否同步历史作品、粉丝数量等，如下右图所示。如果想要同步，就点击"同意"按钮，如果不想要同步，就点击右上角的×按钮即可。

至此，我们就完成了抖音与"今日头条"的绑定。当我们在抖音中发布短视频作品时，发布的短视频作品也将同步发布到绑定的"今日头条"账号下。绑定账号，不但可以用不同的社交账号登录，让短视频的上传、分享变得更加便捷、高效，而且有可能让更多的人看到自己发布的短视频，增加人气。

11.8 淘宝短视频，快速提升商品形象

除了以"微信"、微博为代表的社交平台，以"今日头条"为代表的资讯平台可以供运营者推广短视频外，以"淘宝""京东"为主的营销平台也是很多商家和企业选择短视频运营推广的重要渠道之一。在"淘宝""京东"为主的营销平台上的短视频也可以让用户更真实地感受到产品的内容和服务。下面介绍如何在"淘宝"中进行短视频的运营推广。

"淘宝"作为一个发展较早、用户众多的网购零售平台，每天至少有几千万的固定访客，所以，它在流量方面很有优势。利用这个优势进行短视频的推广和产品、品牌的宣传，可以达到不错的效果。在"淘宝"平台上，用户浏览短视频内容的入口比较多，主要有"微淘"界面和商品"宝贝"界面。而运营者可通过这些入口进行短视频的推广。

1．"微淘"界面

打开手机"淘宝"界面，点击工具栏中的"微淘"按钮，即可进入"微淘"界面。在界面中分别点击"上新""种草"等标签，在下方即会显示各个商家发布的众多短视频内容。如下图所示的分别为"微淘"中的"关注"和"上新"界面的短视频内容。

运营者发布的与产品和品牌相关的短视频内容，可以通过这一渠道获得推广，让有着众多用户的"淘宝"平台上的用户关注。如下左图所示，点击"种草"标签，点击下方的一个短视频图标，进入短视频播放界面，在此界面右侧有"点赞""评论"和"分享"等按钮，点击这些按钮即可对短视频加以评论，以及将其转发到其他如 QQ、微信平台。

2. 商品"宝贝"界面

一般来说，在"淘宝"平台选择某一商品，就进入商品的"宝贝"界面，在界面上方的宝贝展示中显示两种内容形式，分别是"视频"和"图片"，下左图所示的为短视频形式的展示，下右图所示的为图片形式的展示。在这两种形式中，短视频相对图片来说，商品介绍明显更加具体、生动，更易让用户了解。特别是关于商品功能、用法等方面的内容，犹如面对面教学，一步步告诉用户，产品功能如何，如何使用它。

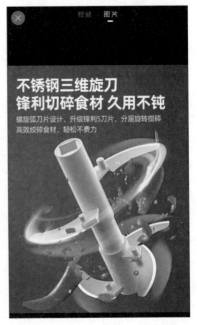

与"微淘"界面的短视频内容一样，运营者可以把一些优质商品的短视频推广到"宝贝"界面中，以供用户观看和了解该商品。这样不仅有利于短视频的推广，而且是商家和企业营销时想要快速实现营销目标的必然选择。另外，商家和企业在"淘宝"中发布短视频前，需要了解"淘宝"短视频内容制作的基本要求，以便自己制作或上传的短视频能够通过平台的审核。"淘宝"短视频内容的基本要求如下。

◆ 画幅比例：尺寸为 16 ：9 或 3 ：4 画幅比例的短视频，如果你的短视频要用在主图场景，请勿上传 9 ：16 画幅的短视频。

◆ 短视频时长：短视频时长为 9 秒 ~10 分钟，建议使用 30 秒 ~1 分钟左右的短视频。

◆ 文件大小：淘宝支持 300 MB 以内的短视频上传。

◆ 短视频格式：主图和详情页短视频可以采用 mp4、mov、flv、f4v 等主流视频格式录制，而"微淘"视频格式必须采用 mp4 格式。

◆ 短视频清晰度：清晰度要求 720 像素高清及以上。

◆ 水印 logo：短视频不能有水印、拍摄工具、剪辑工具 logo，以及商家 logo 等影响用户观看体验的内容。

◆ 二维码："淘宝"短视频中不允许出现其他外部平台，如微信、抖音、微博等二维码信息，可以出现"店铺"二维码，但不得遮挡正常的短视频信息。

◆ 短视频内容与突出商品卖点：发布的短视频必须与商品相关，突出商品卖点，整体节奏明快，画面明亮清新，无虚假夸大效果。

了解"淘宝"短视频入口以及内容要求，接下来就可以将制作好的短视频上传到相应的位置。下面以"微淘"短视频为例，在浏览器中输入 https://we.taobao.com/，以达人或商家身份登录创作者平台，如下图所示。

进入创作者平台后，点击左侧的"淘宝短视频"标签，在展开的列表中点击"视频发布"标签，如下图所示，进入选择视频类型界面。

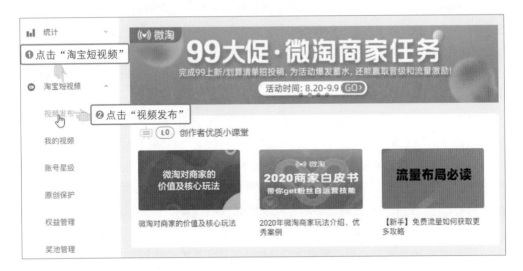

接下来可以根据自己所属的行业 / 类目领域，选择最上面的"视频领域"选项，然后根据自己的视频具体内容，选择想要发布的"视频类型"，点击下方的"选择该类型"按钮，如下图所示，即可开始发布短视频。

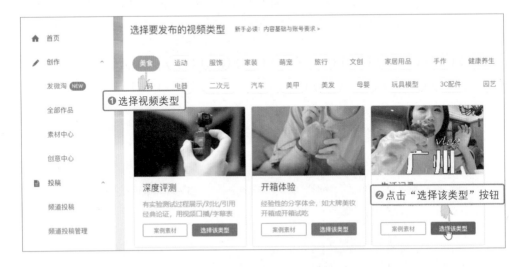

弹出"上传视频"窗口，点击中间的"上传视频"按钮，如下左图所示，弹出"打开"对话框，在该对话框中选取需要上传的短视频，如下右图所示，点击"打开"按钮，即可开始上传短视频，并显示短视频上传的进度。

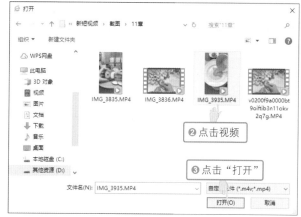

短视频上传完成后，点击短视频中间的播放按钮，可以播放上传的短视频，如果确认无误，就点击下方的"下一步，去发布"按钮，如下图所示。

进入短视频发布界面，如下图所示。在这个界面中，需要填写短视频的基本信息。首先输入短视频标题，这可以参考前面章节介绍过的选取标题的几种技巧，从而为短视频设置一个更吸引眼球的标题。填写好短视频标题后，还需要为制作的短视频选择一个好看的封面，短视频的封面下方会有提示，我们只需要根据提示信息选择符合要求的封面即可。最后，点击右下角的"发布"按钮，将短视频发布到"微淘"上。

11.9 "京东"短视频，让商品获得更多关注

在传统电商领域，除"淘宝"外，大家比较熟悉的还有"京东"。在粉丝经济时代，"京东"为了寻求更多的发展，也推出了各种形式的运营策略和功能，利用短视频进行产品和品牌宣传就是其中之一。与"淘宝"一样，"京东"平台上的短视频入口也有很多，其中主要的推广入口有"发现"界面的"视频""商品"和"京东视频"三个入口。

1. "发现"界面的"视频"

运营者点击"发现"按钮，进入相应的界面，选择"视频"菜单，切换到"视频"界面，在此界面显示有商家上传的各种短视频内容，如下图所示。浏览这些商品内容会发现，都是介绍产品功能、特点或其他与产品相关的内容。由此可见，"京东"商家可以通过推广短视频来推动产品、品牌的营销，从而实现短视频变现。

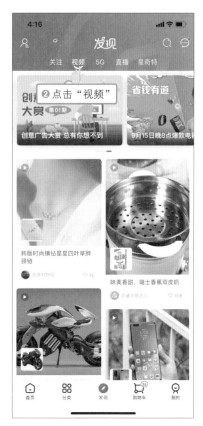

在"京东视频"界面的"精选"页面中，可以看到众多短视频内容。点击进入，能看到科技范、时尚圈、生活家等多个细分栏目，在细分栏目下点击一个短视频将进入"短视频观看"界面。在"短视频观看"界面，只要你的短视频内容足够优质，商品性价比高，那么用户就愿意点击视频右下角的"分享"按钮，分享短视频内容到朋友圈或QQ空间等平台，从而达到推广短视频的目的。

2．"商品"界面

在"京东"中搜索和查看某一商品，有时会发现在其"商品"界面，也显示关于商品的视频和图片内容，并且在进入界面的时候会自动播放短视频，如下左图所示。用户在观看短视频的过程中，如果觉得短视频不错，而且商品的性价比也比较高，就可以点击短视频上方的"分享"按钮，如下右图所示，将商品短视频内容分享给"微信好友"或分享到"朋友圈""QQ好友""QQ空间"、微博等，从而实现短视频的推广。与"淘宝"不同的是，"淘宝"分享的内容是该商品的图片、链接等，而"京东"则是可以直接分享短视频的。

　　"京东"平台中，商家通过后台可以上传主图和商品详情短视频，而"发现"界面中内容板块的短视频则只能通过达人账号来上传。如何在京东平台中上传自己制作的短视频呢？其操作方法与"淘宝"中的操作方法类似。不同的是，"京东"平台通过"媒体资源管理中心"上传短视频。进入店铺后台，点击"我的店铺"标签，再进入"媒体资源管理中心"界面，如下图所示。在该界面中点击"上传视频"按钮即可上传短视频。

第 12 章

实战演练
——旅拍短视频制作

　　旅行一直都是视频制作中的热门话题，世界那么大，大家总想去看看，各大短视频平台上也有很多创作者制作的与旅行相关的短视频。在旅行中，可以拍摄的素材有很多，既可以拍摄沿途的风光景物，也可以拍摄人文风俗，还可以记录自己的心路历程，这类短视频更多的是展示自己的生活状态，表达自己对生活的态度。

12.1 案例效果展示

在讲解旅拍短视频的制作方法和操作技巧之前，我们先来看看完成后的短视频所呈现的效果，如下图所示。

 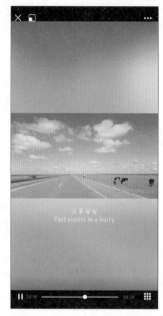 

12.2 技术要点解析

旅拍短视频大多展示的是不同地方的一些景色、人文和地方特色等。在前期拍摄的时候，我们会通过镜头拍摄很多的短视频素材，然后对这些拍摄的短视频素材进行筛选，选择有用的素材对其进行裁剪、调整色彩、调整音乐及字幕等，从而获得一个较完整的短视频。

1. 视频剪辑拼接

对拍摄的短视频进行裁剪，是为了剪去短视频中不符合要求或者无意义的片段，留下短视频中的精华部分，使短视频更加简洁。本案例选择了 4 个旅拍短视频片段，由于时长有限，所以对每个短视频进行了一定的剪辑，去掉了一些无关紧要的内容，使裁剪后的短视频控制在 30 秒以内，如下图所示。这是因为大多数平台都支持上传30 秒以内的短视频。

 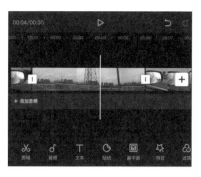

2. 对短视频统一色彩基调

色彩在短视频中非常重要。色彩的灵动展现，会带给观众视觉上的冲击，也能让短视频的主题更生动。在本实例中，由于拍摄的是不同的对象、场景，以及拍摄的时间不同，所以几个短视频片段的明暗、色彩都存在一定的差异，在后期处理时，可以使用剪映对短视频画面的明暗、色彩进行调整，从而得到比较统一的色调风格。如下图所示的即为调整前和调整后的画面对比效果，可以看到在调整色彩之前，短视频画面的色彩非常平淡，但经过调色之后，清爽的蓝色调能给人更加唯美、浪漫的感受，让人忍不住也想走出去，看一看旅途中的美景。

3. 添加舒缓音乐营造氛围

短视频的节奏和氛围大多是由背景音乐来带动的，短视频的节奏与音乐匹配度越高，画面越有冲击力。不同的配乐能带给用户不同的情感体验，因此，我们需要根据短视频想表达的内容来选择与短视频属性相匹配的音频。旅拍类短视频大多展示的是一些景色、人文和地方特色，这类短视频比较适合搭配大气、舒缓一些的音乐。例如，本实例就选择了一首比较舒缓的音乐作为短视频的背景音乐，优美动听的音乐不但能快速将用户带入短视频所展示的情景中，而且能使观众在看短视频时有放松的感觉。

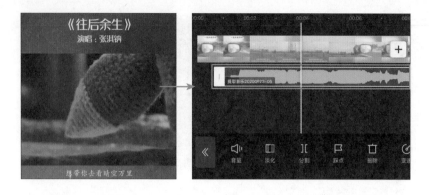

4. 字幕让短视频与众不同

字幕是短视频画面的补充，方便人们更好地理解短视频内容，并在一定程度上丰富人们的观感。本实例中，根据短视频中添加的背景音乐，提取歌曲中的歌词作为字幕，添加到短视频画面的下方，这样既不会破坏短视频画面，也能帮助用户了解歌曲所演唱的内容，如下图所示。

12.3 拍摄短视频素材

一般来说，旅拍短视频可以直接采用手机自带的视频拍摄功能来拍摄，也可以使用手机视频后期处理软件来进行拍摄。不管采用哪种方式拍摄，都需要手稳，尽量不要抖动。

在旅行途中，很多人的习惯是，不论看到、听到什么，就会迫不及待地拿出手机乱拍一通，但是回来之后才发现能用的素材少之又少。想要做出一个比较满意的旅拍短视频，首先要做的是提前规划，明确自己要拍摄的重点内容，构建视频的主要框架，在旅途中拍摄相应镜头画面。在本实例中，我们从拍摄的众多镜头中选择了四组镜头，因为时长有限，这4组镜头分别展示了出发时、旅行途中和到达目的地所看到的不同景色，如下图所示，让用户通过短视频感受到旅行的乐趣。

短视频中的前三个镜头都是坐在车内拍摄的，为了防止拍摄的画面晃动，我们可以利用身边的物体，例如车窗、车前的仪表台等，支撑双手进行拍摄，如下图所示。在拍摄第四个镜头画面时，因为需要室外拍摄，这时可以借助手持云台稳固手机，以保证拍摄画面的清晰。

12.4　短视频制作过程

前面介绍了短视频的制作要点和短视频素材的拍摄，下面使用剪映软件来为大家详细讲解这个短视频的后期制作过程。

1．设置视频长宽比和背景

当拍摄好多段短视频素材后，就需要将拍摄好的素材导入项目中，并根据要展现的内容对导入素材画幅比例以及背景进行设置。

打开剪映界面，点击界面中的"开始创作"按钮，如下左图所示，打开手机相册，选择拍摄的四段短视频素材，如下右图所示，点击"添加"按钮，可以添加至项目。

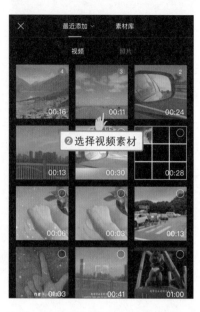

几乎所有的手机都是竖着使用的，所以为了适应大多数用户的习惯，也为了提升短视频的观感，我们需要将导入的横屏素材转换为竖屏素材。点击工具栏中的"比例"按钮，如下左图所示，在展开的视频比例中选择"9∶16"长宽比，此比例为标准的短视频长宽比，如下右图所示。

将横屏素材转换为竖屏素材，在画面上方和下方会显示黑色的背景，接下来要对背景进行处理。点击"返回"▇按钮，返回主界面，向左滑动工具栏，点击其中的"背景"按钮，然后点击"画布模糊"按钮，在下方显示几种不同程度的画面模糊效果，点击最右侧的一种模糊效果，再点击左侧的"应用到全部"按钮，对全部素材应用此效果。

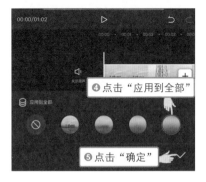

2. 定格画面设计视频封面

在之前的章节中，我们介绍过视频封面对短视频的重要性，接下来要为这个旅拍短视频制作一个与其风格、主题一致的封面。视频封面的制作主要应用"定格"功能，定格视频，然后在定格视频上添加相应的标题文字。

将时间线滑到定格片段开始位置，然后在时间线中点击选中短视频片段，向左拖动工具栏，找到并点击"定格"按钮，如下左图所示，在点击"定格"按钮后，短视频素材中间会出现一个3秒的定格画面，如下右图所示。

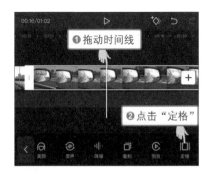

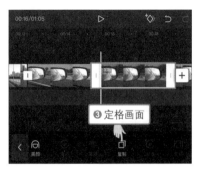

按住选框右端向左拖动，在时间线与短视频素材第0秒位置重合后松开手指，将定格画面移到短视频开始位置，如下左图所示。由于短视频的时间本来就非常有限，

所以 3 秒的封面时间太长，选中定格画面，从选框右端向左拖动，将定格画面时间缩短至 1 秒左右即可，如下右图所示。

短视频封面除了要有画面，还应当有必要的文字说明，即标题文字。点击"返回"■按钮，返回主界面，找到并点击工具栏的"文本"按钮，如下左图所示，再点击"新建文本"按钮，如下右图所示，弹出键盘。

输入标题"一起去旅行吧"，如下左图所示，点击右侧的"样式"标签，展开"样式"选项卡，这里可以设置输入文字的字体、描边样式、阴影、字间距等。如下右图所示，点击"毛笔体"标签，然后点击"文本"下方的"黑色"色块，更改字体、色彩。

点击"气泡"标签,展开"气泡"选项卡,从该选项卡中选择一种合适的气泡样式,如下左图所示。默认情况下,添加的文字显示在画面中间位置,我们选中它并向上拖动,将设置后的标题文字移到画面上方,如下右图所示。至此,这个短视频的封面就制作好了。

3．剪辑与删除短视频片段

拍摄好的短视频片段需要经过后期的剪辑,将其中多余的部分剪掉,使短视频内容更加精简。本实例在后期处理的时候,对添加的四个短视频片段进行剪辑,并调整最后一段短视频的播放速度,改变短视频的总时长。

点击"播放"按钮,先预览短视频效果,可以看到第一段短视频素材整体变化不大,表现的是车窗外的美景,我们将时间线滑动到大约 7 秒的位置,选中时间轴中的短视频片段,点击工具栏中的"分割"按钮,从此位置将短视频分割为两段,选中分割出来的第二段短视频,点击工具栏中的"删除"按钮,剪掉这段变化不大的片段。

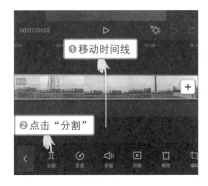

　　继续向右拖动时间线至第15秒位置，在此位置之前的反光镜能够完整显示在画面中，之后的画面因为手机镜头距反光镜太近，反光镜显示不完整，所以我们要对短视频进行裁剪。选中时间轴中的视频片段，点击工具栏中的"分割"按钮，将原视频片段分割为两段，选中分割出来的第二段短视频，点击"删除"按钮，剪掉这个多余的视频片段。

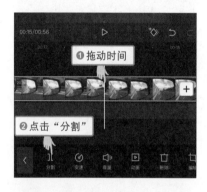
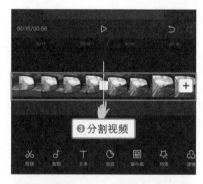

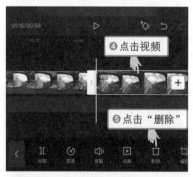

　　将时间线移到21秒位置，继续使用相同的方法，对导入的第三段短视频进行剪辑，剪掉21秒后的视频片段，至此完成了多余视频内容的裁剪。选中最后一段短视频，点击工具栏中的"变速"按钮，再点击"常规变速"按钮，打开"常规变速"列表，这里需要让短视频的播放速度加快，所以将变速滑块向右拖动，如下图所示，然后点击"确定"按钮，设置后几段视频的总时长即由最开始的1分多钟变为30秒。

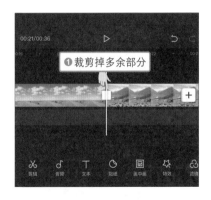

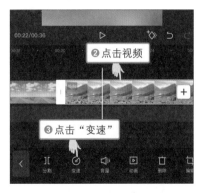

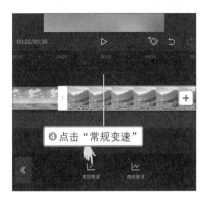

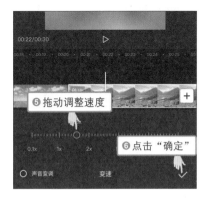

4．调整短视频的画面色彩

　　如果不想要你的短视频太过平淡，调色是必不可少的，只有符合视频内容的风格色调才能获得更多用户的关注。本实例中，先调整一个镜头画面的色彩，然后将其应用到其他所有镜头画面，再对每个镜头画面做进一步的微调，从而统一画面的整体色彩。

　　首先，将时间线移到短视频封面位置，观察短视频素材，可以看到，因为曝光不足，画面整体偏暗，如右图所示，所以先要将灰暗的短视频画面提亮。选中时间轴中的定格画面，向左滑动工具栏，找到并点击"调节"按钮，如下左图所示，调出调节选项，然后点击"亮度"按钮，将"亮度"滑块向右移至最右侧，如下右图所示。

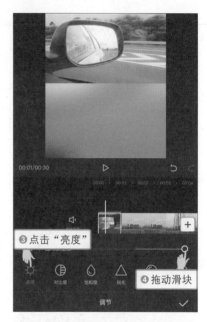

　　提亮图像后，再对对比度进行调节。点击"对比度"按钮，将"对比度"滑块向左拖动，削弱视频画面的明暗对比，此时能够看到更多的视频画面细节，如下左图所示。点击"饱和度"按钮，将"饱和度"滑块向右拖动，提高画面的色彩饱和度，使色彩变得更鲜艳一些。

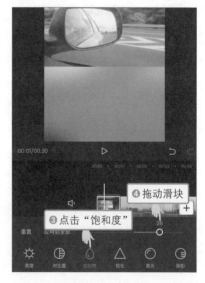

　　为了让视频画面色彩更加漂亮，需要对色温和色调进行调整。这里我们想要将画面调为更清新的蓝调效果，所以点击"色温"按钮，将"色温"滑块向左拖动，增加蓝色以补偿较低的色温，如下左图所示；再点击"色调"按钮，将"色调"滑块向右拖动，让画面变得更蓝一些，如下右图所示。

　　为了让视频片段色彩统一，点击"应用到全部"按钮，在画面中显示"已应用到全部片段"，如下左图所示，将设置的调节参数应用于项目中所有的视频片段。滑动时间线，可以看到应用调节后的短视频画面效果。

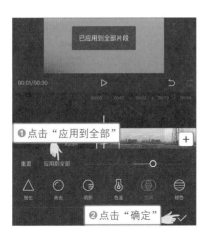

　　将调节应用于所有片段虽然可以统一几段视频的色调，完成多段视频的快速调色，但是因为拍摄对象、拍摄时间、拍摄地点的不同，设置的参数不一定适合所有的视频片段，所以我们还要再单独对部分视频片段做一些微调。

　　如右图所示，选中导入的第一段短视频，观察调整后的画面，因为调整过度，天空部分的细节都没有了，所以点击工具栏中的"调节"按钮。再点击"亮度"按钮，将"亮度"滑块向左拖动一点，降低亮度，如下左图所示，再点击"色温"按钮，将"色温"滑块向左拖动，点击"确定"按钮，让画面色彩变得更暖一些，如下右图所示。

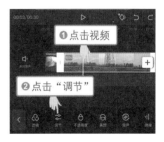

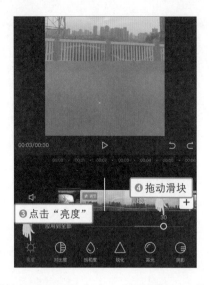 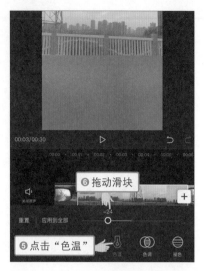

　　继续使用相同的方法，分别选择导入的第三段和第四段短视频，对短视频再做一些细节的调整，调整后的画面效果如下图所示。

5．添加背景音乐

　　调整好每个视频画面的明暗、色彩后，接下来就可以为处理好的短视频添加背景音乐。背景音乐需要根据短视频内容来进行选择，本实例通过导入音频素材的方式为视频添加一首舒缓的背景音乐，然后通过裁剪，去掉多余的音乐部分，让音乐播放时长与视频画面播放时长保持一致。

　　为视频添加音乐前，先点击时间轴左侧的"关闭原声"按钮，点击后该按钮变为"开启原声"按钮，将时间线移到要添加音乐的位置，点击"添加音频"标签，如下左图所示，在打开的工具栏中点击"提取音乐"按钮，如下右图所示。

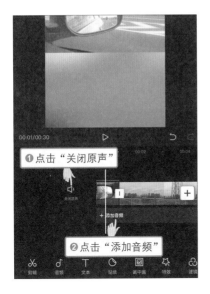

打开手机相册，找到并点击保存的一段视频，然后点击下方的"仅导入视频的声音"
按钮，提取这个视频中的音乐，如下左图所示，返回主界面，在时间轴中能够看到提取
的音乐，如下右图所示。

经过剪辑后的视频画面时长为 30 秒，而提取的视频音乐时长为 1 分钟，所以我们
还要对导入的音频进行裁剪。将时间线移到音乐第一段结束的位置，然后点击选中音频
素材，如下左图所示，点击"分割"按钮，将提取的音乐分割为两段，如下右图所示。

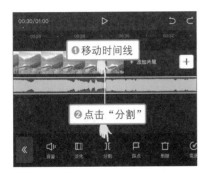
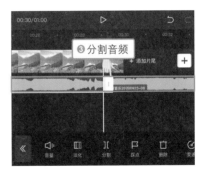

点击工具栏中的"淡化"按钮，这里只截取了音乐中的前一部分，为了让音乐结束的音量过渡更自然，将"淡出时长"滑块向右拖动到 1 秒的位置，设置一种音乐淡出效果，点击"确定"按钮，如下左图所示。选中分割出来的第二段音乐，点击"删除"按钮，剪掉这部分多余的内容，如下右图所示。

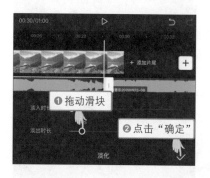
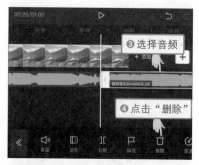

6. 识别歌词，为视频添加字幕

为了让短视频呈现出更完整的效果，我们利用"识别歌词"功能从添加的背景音乐中提取歌词字幕。对提取字幕文字的字体、样式等进行调整，使其与画面的整体风格更加和谐。

返回主界面，点击工具栏中的"文本"按钮，然后点击"识别歌词"按钮，弹出"识别歌词"对话框，由于之前没有添加歌词，所以这里只需要点击"开始识别"按钮，剪映即会根据音乐内容识别歌词，识别完成后画面就会显示识别出来的歌词文本，如下图所示。

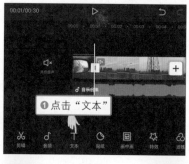

接下来对识别出来的歌词进行调整。选中时间轴中的歌词字幕，点击下方的"样式"按钮，如下左图所示，打开"样式"选项卡，点击其中的"柳公权"标签，更改所选字幕的字体样式，如下右图所示。

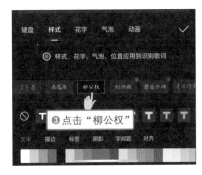

点击"花字"标签，打开"花字"选项卡，点击选择一种适合的花字样式，如右图所示，再点击"动画"标签，打开"动画"选项卡，点击下方的"出场动画"标签，如下左图所示，选择"出场动画"里的"渐隐"动画，并将动画的持续时间由默认的 0.5 秒延长至 1 秒，如下右图所示，让文字随着歌曲中的声音逐渐消失。

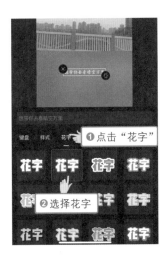
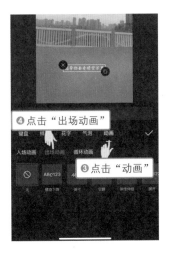
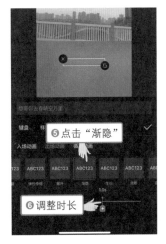

设置好中文字幕后，可以根据文本内容设置对应的英文字幕。对英语基础不太好的用户来说，手动输入还是有一定难度的。现在很多的输入法软件都带有中英文翻译功能，只需要输入中文，软件就能将其翻译为英文，如本实例中，我们使用了带有翻译功能的"讯飞"输入法来输入英文字幕。

点击键盘中左下角的"输入法"⊕按钮，切换到安装的"讯飞"输入法，点击"换行"按钮，切换到下一行，点击输入栏左上角的"讯飞"按钮，打开菜单列表，点击列表中的"工具"标签。

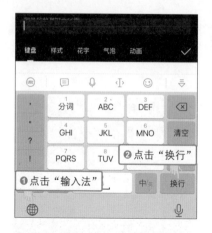

打开"工具"选项卡，点击其中的"快捷翻译"按钮，如下左图所示，在弹出的文本框中输入与中文歌词一致的文本，输入后在上方的文本框中就会自动将输入的中文转换为英文，如下右图所示。

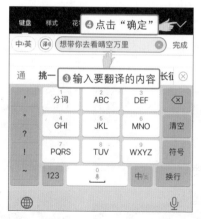

点击"确定"按钮，输入中英文字幕。最后我们要对字幕的大小和位置加以调整。选中画面中的字幕文本，往上拖动将其移至视频画面的下方位置，如下左图所示，再用双指拖动放大字幕，便于字幕文本的观看，如下右图所示。

7．添加转场与特效

当项目中添加了多段素材时，要让这些镜头画面自然地衔接起来，就需要在两个镜头画面之间添加转场与特效功能。很多视频剪辑软件都预设了丰富的转场与特效，为我们进行短视频的编辑提供了更多便捷。

接下来应用剪映在几段素材之间添加"叠化"转场。点击第二段短视频和第三段短视频中间的"转场"⋈按钮，如下左图所示，打开"转场"列表，选择并点击"基础转场"中的"叠化"标签，如下右图所示，然后点击左下角的"应用到全部"按钮，可将此转场快速应用到所有的视频片段。

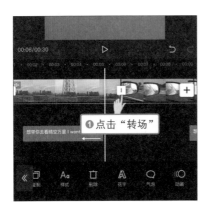

将时间线移至第三段短视频与第四段短视频的中间位置，点击这两段短视频中的"转场"⋈按钮，再次打开"转场"列表，点击"基础转场"下的"无"，删除转场，如下图所示。采用同样的方法，将短视频封面与第一段短视频中间的"叠化"转场也去掉。

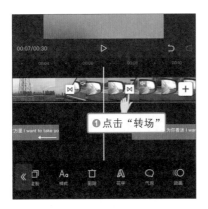

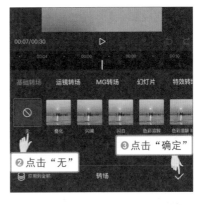

将时间线移至短视频封面与第一段短视频中间位置，我们要在短视频画面开始位置添加一个开场特效。点击工具栏中的"特效"按钮，打开"特效"列表，点击"基础"列表下的"变清晰"图标，如下图所示。

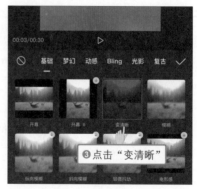

最后一段短视频展示的是到达目的地后所看到的美景，还可以为其添加一些唯美的特效。将时间线滑动到需要添加特效的位置，如下左图所示，然后点击"返回"按钮，返回上一级菜单，点击工具栏中的"新增特效"按钮，打开"特效"列表，点击"自然"列表下的"晴天光线"图标，模拟晴天光线照射效果，如下图所示。

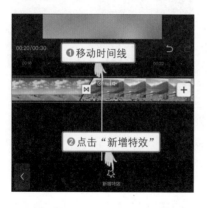

继续向右拖动时间线，点击"返回"按钮，返回上一级菜单，点击工具栏中的"新增特效"按钮，再次打开"特效"列表，选择"梦幻"列表中的"撒星星Ⅱ"图标，就可模拟闪耀的星光效果，如下图所示。

　　在这个实例中我们不对片尾进行设置，所以将片尾部分的预设直接删除就好。点击时间轴中的片尾部分，点击页面工具栏中的"删除"按钮，删除片尾部分。点击"播放"按钮，播放短视频，根据情况再对一些细节进行调整，以完成视频内容的编辑。

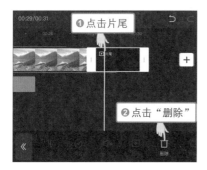
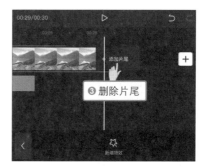

12.5 发布并分享短视频

　　完成短视频的后期编辑之后，还要将其保存到手机，并发布到相应的视频分享平台，这样视频才会被更多的观众看到。下面主要讲解如何输出短视频，以及将短视频分享到抖音平台。

　　对短视频中用到的素材进行剪辑，添加音乐和字幕后，就可以将短视频进行合成输出。合成输出是对短视频进行保存的一个过程。

　　在剪映界面中，点击界面右上角的"导出"按钮，如下左图所示，即进入短视频输出界面，在此界面中可以更改输入短视频的分辨率和帧速率，如下中图所示。在输出短视频时，为了保证画面的清晰度，一般需要选择 720 像素或 1080 像素高清格式输出。剪映默认的输出分辨率为 1080 像素，不需要再做更改，所以直接点击"确认导出"按钮，开始导出短视频，如下右图所示。

　　导出并保存短视频之后，将弹出已保存短视频并分享短视频界面，如下左图所示。使用剪映编辑后的短视频可以直接导出到抖音短视频或西瓜视频平台上。以导出抖音短视频到平台上为例，点击"分享视频到"下方的"抖音短视频"按钮，打开抖音短视频，根据提示依次点击"下一步"按钮，如下图所示。

　　进入视频发布界面，首先在上方的文本框中输入要发布短视频的标题，如下左图所示。为了让更多人看到我们的短视频，可以为短视频添加合适的话题，点击下方的"#话题"按钮，会弹出一些当前比较热门的话题，如下中图所示。如果短视频内容正好与其中某个热门话题有所关联，就可以在短视频中加入相应的话题，如下右图所示。

　　另外，在发布短视频的时候，想要获得更多的流量，除了蹭热门话题外，还可以在发布短视频的时候加定位，尤其是一些热门景点的定位，容易获得一些想要去但是又没有时间去该景点的用户的关注。当设置好这些后，点击界面右下角的"发布"按钮，即可完成短视频的发布工作。